U0155967

二十四节气

中国人的时间智慧

殷若衿 | 著

图书在版编目（CIP）数据

二十四节气：中国人的时间智慧 / 殷若衿著. --
北京：五洲传播出版社, 2022.4（2023.11重印）
（中国人文标识）
ISBN 978-7-5085-4797-8

Ⅰ. ①二… Ⅱ. ①殷… Ⅲ. ①二十四节气—风俗习惯
—中国—通俗读物 Ⅳ. ①P462-49②K892.18-49

中国版本图书馆CIP数据核字(2022)第073185号

作　　者：殷若衿
封面插画：殷若衿
出 版 人：关　宏
责任编辑：梁　媛
装帧设计：山谷有魚　张伯阳

二十四节气，中国人的时间智慧
出版发行：五洲传播出版社
地　　址：北京市海淀区北三环中路31号生产力大楼B座6层
邮　　编：100088
电　　话：010-82005927，82007837
网　　址：www.cicc.org.cn,www.thatsbook.com
印　　刷：北京市房山腾龙印刷厂
版　　次：2022年7月第1版第1次印刷　2023年11月第2次印刷
开　　本：710mm × 1000mm　1/16
印　　张：16.5
字　　数：240千字
定　　价：68.00元

序

二十四节气，是中国人“天、地、人”的和谐合一思想中关于时间智慧的总结。时空能量不是均匀的，在一年往复中，自然界的阴阳不断转换，每一个区段拥有不同的能量，不同的能量带来不同的温度、变化的气候，影响着自然界的植物、动物、人类的状态。2000多年以来，二十四节气指导着人们农作、制作食物、生产以及生活起居。然而在100多年快速现代化的进程里，这些宝贵的经验正以海水退潮般的速度从人们的生活中消失。

现代科技的发展，给人类带来了翻天覆地的变化，却也给地球在可持续发展和环境保护方面带来诸多问题。对自然缺乏敬畏在一定程度上也切断了人类与宇宙联系的通路。人类，尤其是生活在大都会里的人类，从某种意义上来说，对自然的知觉钝化了许多。

我们在碌碌于创造物质财富时，勿要忘记生活的本真——过与天地自然合拍的生活。

人，是大自然的一分子。顺应天时，遵守自然界的法则，为人类自身在时空中找到安身立命的位置，探索生命的价值，并将这种生命的感悟传承给后人，我们才不会遭遇空间的阻隔和时间的断流。

然而，从全球现代化进程来看，这也是人类缺失和忽视的部分。过度追求物质利益和经济发展，忽视环境、自然法则和地球的可持续发展，致使来自大自然的警告接踵而至。而二十四节气，是我们从时间和历法的角度重新回到自然序列中的一个线索、一把钥匙。

一直以来，我都在尝试以平实浅显的语言，以更加贴近生活的视角，呈现出尊重时序之美的内容，去讲述二十四节气的故事。在为这本书做第一手地方习俗与饮食素材搜集时，我得到了身边的民俗专家、民间宗教专家的指导，并寻找到各地依照时序生活的传统中国人作为采访对象，从江南到岭南，从山东到山西，从湖北到湖南，从东北到福建，从香港到台湾……这些习俗，因为在不同的地域落地生根，而呈现出不同的风情，是植根于泥土的最生动的节气文化，带着外婆的味道、母亲的味道、故土的味道，在人们的童年记忆中散发温暖闪亮的光芒。

听许多朋友感慨，家中的祖辈走得早，许多老味道如今已经吃不到了，只能蛰伏在童年的记忆里。很多与节气相关联的手作饮食已经少有人懂了，尤其在工业化生产的食品冲击下，许多传统工艺没有能够传承下来。传承老辈人的智慧和工艺，在今天变得更加重要，更加时不我待。

希望本书能够抛砖引玉，引来关于二十四节气和中国人时间智慧的探讨，希望已然习惯现代生活方式的读者了解到我们祖先时间智慧中的那些片段，一窥中国文化中关于时间智慧的精髓。

与此同时，我们现在处于文化与美学繁荣发展的时代。在这本书中，我增添了以节气为时序的茶品、香品与插花的内容，但这些并不是唯一契合时令的生活导向，只是希望以二十四节气作为时间索引，介绍相对符合时令的二十四款茶品、香方和插花，以此让东方生活美学滋润现代中国人的心田。

殷若衿

庚子年 春 于霁晴室

目 录

第一章

二十四节气的起源

二十四节气，被很多人称为中国的“第五大发明”。它反映了中国人敬畏自然的生命哲学，这种哲学使中国人遵从自然的时序规律，顺应时节的变化，找到自己在时空中的位置，树立在宇宙天地间安身立命的生命价值，体现了中国人正确认识自然，利用自然的能力。正是这种能力使中华民族繁衍不息。

2016 年 11 月 30 日，联合国教科文组织将“二十四节气”列入人类非物质文化遗产名录。

× 图虫创意 / Adobe Stock

二十四节气　中国人的时间智慧

PART 01

物候与天象

物候

古代先民的生活与自然紧密相连，他们对大自然物候变化的感知，远比今人敏感：风霜雨雪、草木荣枯、飞鸟往来、虫鱼蛰动……人们很快感知到了季节的轮转，发现了气候与物候会呈现周期性规律。《周易》有言：“寒往则暑来，暑往则寒来，寒暑相推，而岁成焉。”大概到了商周时期，四时四季的概念逐渐完善。

中国现存最早的记录农事的历书《夏小正》，是夏朝的历法，也称“岁时历”。《夏小正》是《礼记》的一部分，全文共463个字，按十二个月的顺序（最早为十个月），记载了每个月的星象、气候、物候的变化，以及人们应该从事的农事活动。如今依然流传甚广的月令七十二候中，许多物候的观察对象便最早来自于《夏小正》的描述。七十二候对应的其实是古代黄河流域的鸟兽活动，但是随着两千多年的气候变化，以及不同区域的不同

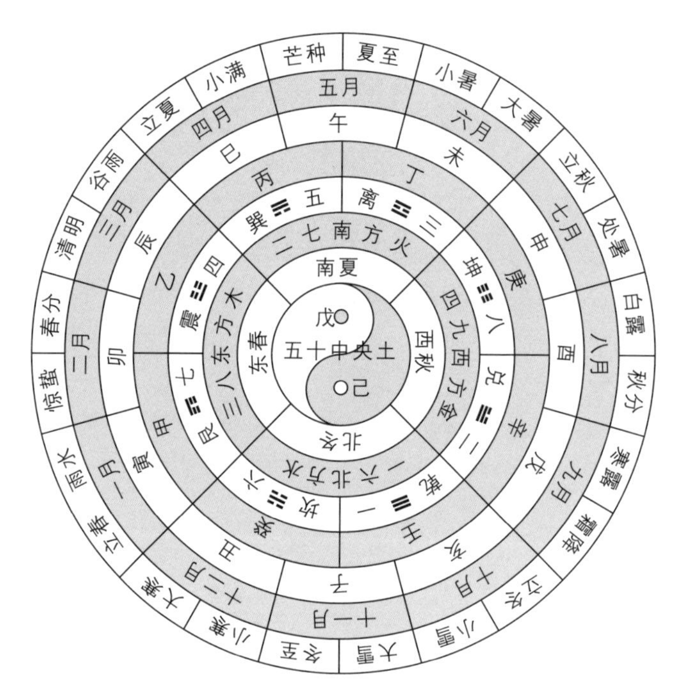

╳ 十二月建对照表　绘者：刘凤玖

气候和物候，七十二候所呈现出的花鸟草虫的物候表象也在变化中。

鸟候

春秋末期的史官左丘明著《左传》，记载了一个以鸟为纪的历史传说：高祖少昊初掌政权时，飞来一只凤鸟，因此开始以鸟为历纪。“凤鸟氏，历正也。玄鸟氏，司分者也。伯赵氏，司至者也。青鸟氏，司启者也。丹鸟氏，司闭者也”。少昊氏的这套鸟纪系统来源于人类对候鸟观察的积累，除掌管鸟纪的凤鸟氏是传说中的神鸟外，其他都有候鸟原型。玄鸟即燕子，春分来，秋分去，掌管春分与秋分；伯赵即伯劳鸟，夏至来，冬至去，所以是“司至之鸟”；青鸟又名鸧鹒，立春时开始鸣叫，立夏时止歇，当为司启之鸟；丹鸟即鷩雉，立秋来，立冬去，被指为司闭之鸟。

天象

在对物候变化进行细致观察之后，先民们又注意到天象与气候、物候之间的联系：地上的自然季节转换与天穹中的日月星辰的位置变化有直接关联，星移斗转，时令更替。而日和月是天穹中最引人注目的神秘天体，以日月运行的方位确定岁时节律的方法，逐渐被先民所采用。

人们根据日月的交替认识昼夜，根据物候的变化了解季节。但是当人们需要建立比季节更为精确的时间框架时，就需要借助科学的方法。中国古人很早就开始探索宇宙的奥秘，演绎出了一套完整深奥的观星文化。《夏小正》中以“参星”“北斗”“大火”“南门”“织女”“昴星”的出没动向来表示月令及节候。其中，北斗是定方向、季节、时辰的标尺。

北斗七星由天枢、天璇、天玑、天权、玉衡、开阳、摇光七颗星组成，因北斗七星曲折如斗，故而得名。在仰韶文化中期和晚期的青台遗址，以及双槐树遗址中，均有用9个陶罐模拟的北斗九星天文遗迹，位置十分精确。这表明在中华文明的胚胎时期，人们已经具有相对成熟的“天象授时观”，用以观察节气、指导农业。

古人观察到，随着地球的自转，北斗七星会每天围绕北天极旋转一

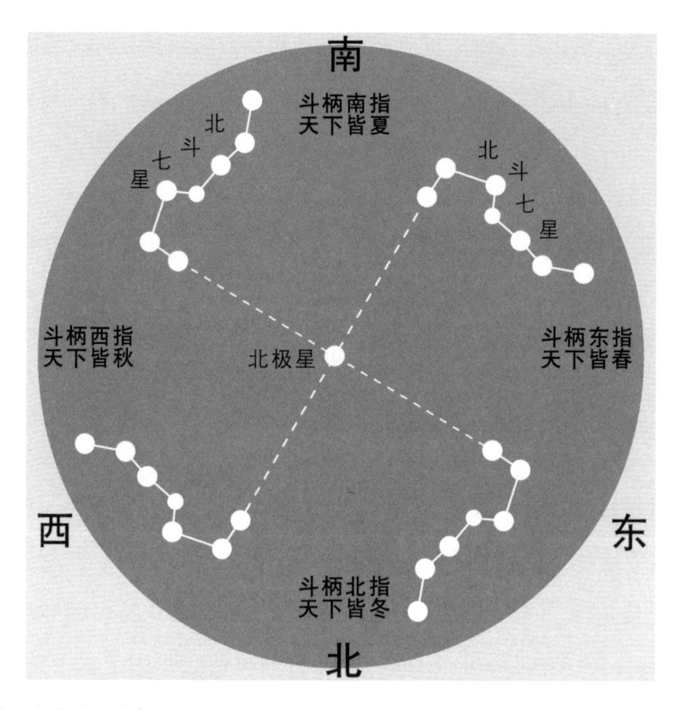

※ 北斗星行迹图　绘者：刘凤玖

周；又因地球的公转，北斗七星围绕北天极做周年旋转。人们根据斗勺的指向来判断季节的转换："斗柄指东，天下皆春；斗柄指南，天下皆夏；斗柄指西，天下皆秋；斗柄指北，天下皆冬"。

但是，星辰只有在黄昏夜晚和清晨才能被看到，为了准确掌握白天的时间变化，传说在三千年前，周公用圭表测日影，定四时，以"垒土圭，正地中"，称之为天地之中心，又是周朝的国之中心，更是今天中国南北长度之中心，故国称"中国"，民族称"中华"，地方称"中原"，中原腹地称"中州"。

圭表测量的原则，一是用圭与表成垂直角度（即90°），二是圭表设置必须与当地子午线相吻合（即正南正北方向），三是观测日影必须在每天的日中，日复一日，把每天测量的影长数据记录下来，根据每天日中日影的变化，找出季节的变化。表影最长的那天定为冬至，表影最短的那天定为夏至。冬至和夏至，因此成为最早被确立的节气。影子长度适中的为春分或秋分。上一个日影最长的一天，到下一个日影最长一天的周期，定为一个“回归年”。

我国先民此时便知道一年约等于365天。至此春分、夏至、秋分、冬至四个节气的时间点被确定了下来。圭表作为一种古老的天文仪器，使空间与时间概念得以精确化。

中国现存最早的圭表是1965年江苏仪征石碑村1号东汉墓出土的。它由表和圭构成，圭表之间有枢轴相连。原始表中的杆叫作“髀”，髀的本义即是人的腿骨。成书于公元前后的《周髀算经》这样写道：“周髀，长八尺，髀者，股也。髀者，表也。”它实际是一根直立在平地上的杆。八尺，恰好等于人的身长。所以人类最初是通过对自身影子的认识而最终学会测度日影的。

不论是夜晚观测星象位移，还是白昼观测太阳下的影长，古人都是通过观测恒星方向和位置的改变而进行时间划分的。

PART 02
二十四节气，中国人的时间智慧

气，被中国古人认为是生养万物的本源之物。庄子云："通天下一气耳"。世界是一个完整的气场，一个完整的生命体，没有绝对独立的存在。所有生命都在"气"中生存、流动、变化、生灭。所以，融于自然，道法自然，达到"天人合一"的境界，是东方人最高的生命追求。这一东方哲学基底，贯穿于玄学、中医、建筑等东方美学与东方文化中，也成为"二十四节气"文化的哲学基础。一年二十四节气，就是二十四个"气"的不断接续，使时间与万物生生不息以至永久。本质上二十四个"气"都是天地之气的合同体，都是同一个"气"不断运转中的某一点。"见微知著"，"观候知节"，中国人的二十四节气，正是遵循"天人合一"思想，使人们与自然天地之气建立紧密关联的智慧。

农人借助于节气，将一年定格到耕种、施肥、灌溉、收割、收藏、制作食物等具体事务之中。什么节气做什么事情，在老一辈中国人心中有一个明确的时间表。正是因为二十四节气，才使得中国农人的生产劳作变得应时而动，有条不紊。

完整二十四节气的出现

完整的二十四节气的名称在现今可考的文献中，首见于西汉刘安的《淮南子·天文训》，之后《史记·太史公自序》的“论六家要旨”中也有提到二十四节气概念。

公元前104年，汉武帝太初元年，司马迁以太史令的身份和历官邓平等二十余人改革历法，制定了著名的《太初历》。《太初历》正式把二十四节气定于历法，明确了二十四节气的天文位置，明确时有春、夏、秋、冬四序，每序分孟、仲、季，五日一候，三候一气，六气一时，四时一岁，故一岁得二十四气、七十二候。二十四节气又分为十二节与十二气，节代表时间季节，气代表气候变化。十二个月中，每个月分别有一节一气，“立春、惊蛰、清明”等十二节位于月首，“雨水、春分、谷雨”等十二气位于月尾。在干支历里，节也代表月份时间的交接点。比如，立春既是干支年的交接点，又是月的交接点。

明末，徐光启主持新编历法。这是中国历法史上第五次也是最后一次大改革。经过四十多年的努力，引用西洋法数，《崇祯历书》编成。可惜历书还未来得及颁布，明朝便灭亡了。清初，西洋传教士汤若望对《崇祯历书》进行了删减和压缩，在1644年上呈朝廷。睿亲王多尔衮将其定名为《时宪历》。《时宪历》采取了“定气”来制定二十四节气。定气是根据太阳在黄道上的位置来定的，即在一个为360° 圆周的黄道上，以春分为起点，每运行15° 为一个“节气”。二十四个节气是24个时间点，“点”具体落在哪天，是天体运动的自然结果。

二十四节气与太阳历

人类的历法是以日月星辰的移动轨迹来计量的。其中以地球围绕太阳旋转的规律来建立的历法，被称为太阳历，即阳历。以月亮围绕地球旋转的规律来建立的历法，被称为太阴历，即阴历。在探索地球一年四季气温气候变化规律方面，太阳历更有指导意义。二十四节气是根据太阳在黄道上的位置变化来制定的历法，所以，二十四节气是我们中国人的太阳历。

由于地球公转轨道黄道面与地球自转轨道面之间存在约23.5度的夹角，使得一年四季中太阳在地球上的直射点在北回归线与南回归线之间不断推移。当太阳直射点到达北回归线时，是北半球一年中白天时间最长，夜晚最短的一天，即二十四节气的夏至；当太阳直射点到达南回归线时，是北

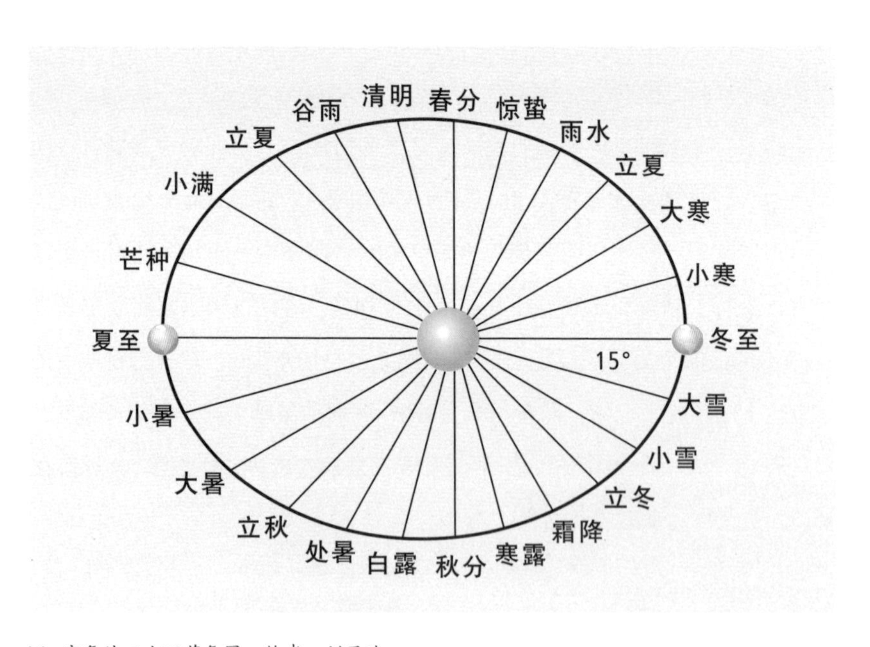

※ 定气法二十四节气图　绘者：刘凤玖

半球一年中夜晚最长，白天最短的一天，即二十四节气的冬至；当太阳直射点到达赤道时，昼夜时间等长，是二十四节气的春分或秋分。

在四大文明古国的历史中，也曾出现过其他古老的太阳历法，一个在埃及，另一个在古巴比伦。

古埃及人观测到尼罗河泛滥的时间呈现一定规律，而且每次尼罗河泛滥日与天狼星和太阳相遇于地平线的时间吻合。于是，古埃及人由两次泛滥的周期，初步推算出一年有约365天。他们将一年分为泛滥、播种、收获

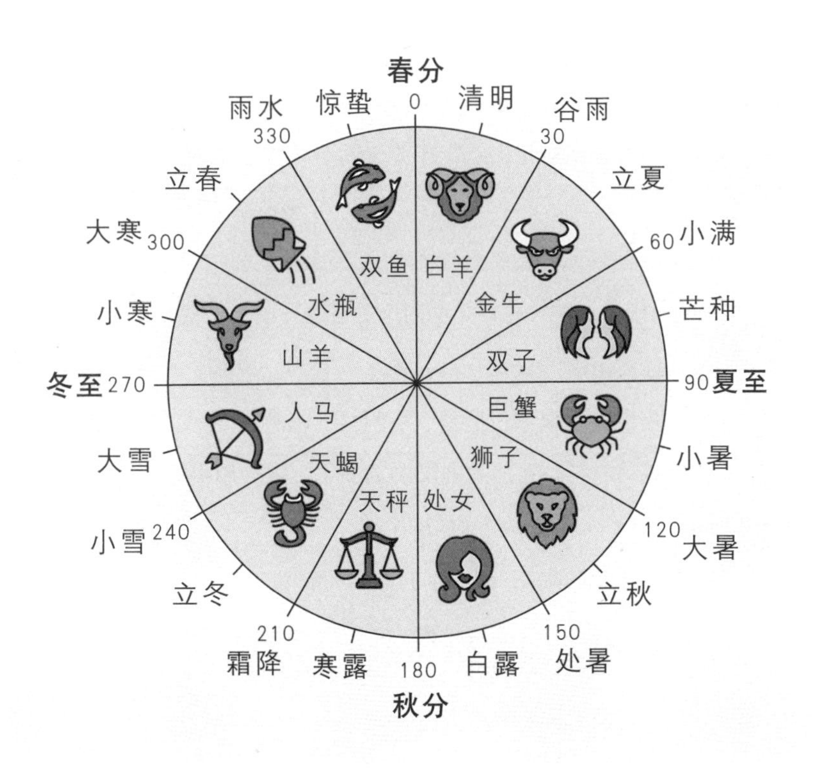

※ 十二星座与二十四节气对照图　绘者：刘凤玖

三季，每季4个月，每月30天。埃及的古太阳历法反映的是古埃及人对尼罗河和以此发展出的农耕文化的依赖，但他们的历法比较粗略，比现行阳历要少6个小时，每隔4年就会误差1天。但是，古埃及太阳历仍对其他国家产生了非常深远的影响。现在世界上普遍使用的阳历就融合了古埃及太阳历。

相比之下，古巴比伦人很早就把黄道分为12个区块，就是我们如今熟悉的双鱼、白羊、金牛、双子、巨蟹、狮子、处女、天秤、天蝎、射手、摩羯、水瓶十二星座。每两个星座之间的间隔点，与中国二十四节气中的十二个节气时间节点是一致的。但很遗憾的是，古巴比伦文化在人类历史的长河中慢慢隐退，十二星座没有被普及成为通用的历法，而是作为西方占星体系被人熟知。

经过上千年的总结演化，二十四节气的名称都比较凝练精准。最早确定的春分、秋分、夏至、冬至（二分二至），分别精准描述了一年中两个昼夜平分，以及白昼最长、黑夜最长的节点。后来，立春、立夏、立秋、立冬“四立”的出现，用来宣告一年中四个季节的开始；小暑、大暑、处暑、小寒、大寒是描述温度气候变化的；雨水、谷雨、白露、寒露、霜降、小雪、大雪则反映了降水现象；惊蛰、清明是反映物候现象的，小满、芒种则对应了农事活动内容。在浩瀚的汉语文字中，古人用48个汉字，将一年365天四季流转的不同区间概括得精确生动。

中国人还运用诗词韵律，编成了七言节气歌：

春雨惊春清谷天，夏满芒夏暑相连，

秋处露秋寒霜降，冬雪雪冬小大寒。

在有些版本中，这首诗另有四句：

每月两节不更变，最多相差一两天。

上半年来六廿一，下半年是八廿三。

这四句交代了节气与日期对应的规律，即一年中每个月都有两个节气，每一年同一个节气在公历的日子相差最多一两天，上半年每个月的节气一般都在6日和21日，下半年每个月的节气一般都在8日和23日。

二十四节气，是中国人通过观察太阳周年运动，来认知一年中的时节、气候、物候规律，来指导农耕与生活的知识体系和时间观念。二十四节气使中国人遵从自然的时序规律，顺应时节的变化，找到自己在时空中的位置，树立在宇宙天地间安身立命的生命价值，从而增强认识自然、利用自然的能力。这种能力使中华民族繁衍不息。

第二章

春生

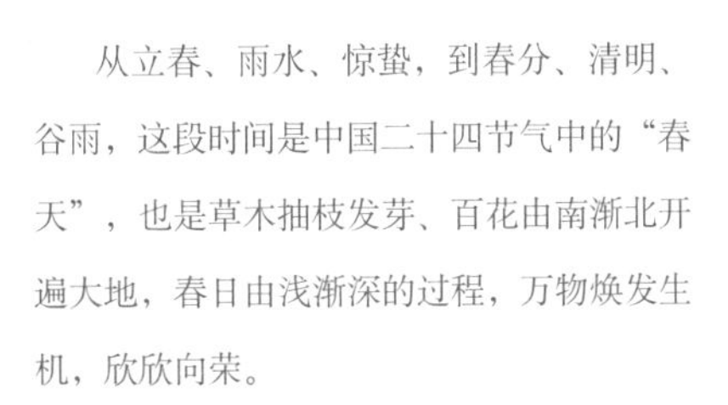

从立春、雨水、惊蛰，到春分、清明、谷雨，这段时间是中国二十四节气中的“春天”，也是草木抽枝发芽、百花由南渐北开遍大地，春日由浅渐深的过程，万物焕发生机，欣欣向荣。

春属木，主生发。人们也应顺应天时，多走出户外，去郊野踏青，与自然草木亲密接触。一年之计在于春，此时也适合做一年事务的计划、铺垫、耕耘，来期待年底的丰厚收获。

╳ 图虫创意 / Adobe Stock

二十四节气　中国人的时间智慧

×

PART 01
立春

立春日，阳气初生，万物生发。

春江水暖，百草回芽。

北国东风解冻，江南庭树飞花，插枝梅花便过年。

✕ 杭州超山

立春，是中国太阳历一个周年的真正起点，大致在每年公历2月2日到5日之间，此时的太阳到达黄经315°。五行之气周而复始，从立春开始，天地万物开启了新一年二十四节气的轮回。

从这一天起，东风解冻，万物复苏。这时住在中国北部的人会发现，冰雪如同听到自然一声令下，开始慢慢消融。而江南则庭树飞花，百草回芽。“柳色早黄浅，水文新绿微。玉润窗前竹，花繁院里梅。”江南人终于可以舒一口气，抖擞精神，迎接春日生发的力量。

立春，“立”是“开始”的意思。“春气始而建立也。”立春代表春天的开始，阳气初生，万物焕发勃勃生机。

立春，意味着孟春时节的开始，对应寅月（立春、雨水两个节气），“斗柄回寅”为立春。在古老的文化中，干支时间和方位以及八卦是联系在一起的，寅位是后天八卦的艮位，是年终岁首交结的方位，代表终而又始，如《易·说卦传》：“艮，东北之卦也，万物之所成终而所成始也。”立春，意味着一个新的轮回已开启。早在上古时期，我国一些地方便传承着以立春岁首拜神祭祖、纳福祈年、除旧布新等为主题的节庆活动。辨别属相，论及生辰八字，也应以立春为年与年的界限和一年的起始点（而不是我们所以为的农历大年初一）。

《月令七十二候集解》中说立春三候，一候东风解冻，二候蛰虫始振，三候鱼陟负冰。一候东风解，说的是立春第一个五日，东风送暖，大地开始解冻。二候蛰虫始振。第二个五日，蛰居的虫类慢慢在洞中苏醒。三候鱼陟负冰，是说再过五日，河里的冰开始融化，鱼开始到水面游动，此时水面还有没完全溶解的碎冰片，如同被鱼负着浮在水面一般。

“立春宜晴，雨水宜雨。”“立春无雨是丰年”。古人从经验中总结，立春这一天如果是晴天，往往预兆一年的好收成。

人间立春

秦汉以前，“春节”（正月节）原本是放在“立春”这一天的岁节，而非现在的农历正月初一。正月初一在古时被称为“元旦”。汉朝统一历法后，立春“岁节”民俗被挪到了正月初一，立春成了单纯的节气。

先民把迎春当作一件大事。《礼记》中说，“立春之日，天子亲率三公九卿大夫以迎岁于东郊。”周朝往后的各代帝王都会在立春前一天率领文武百官身着青色衣袍，戴青色帽子，插青色旗帜，出东门，礼拜东方句芒神。句芒神是木神、春神和东方之神。

时值春令，万物应节而生，所有处于萌芽生长状态的生物都需要保护。《礼记》中主张孟春“祀山林川泽，牺牲毋用牝。禁止伐木。毋覆巢，

《点石斋画报》中杭州人立春游吴山、拜句芒神、掉元宝的场景

春帖

毋杀孩虫、胎、夭、飞鸟，毋麑，毋卵……不可以称兵，称兵必天殃”。

清初习俗，立春前一日，官吏还会请两位民间艺人扮作春官，沿街高喊：“春来了”，俗称“报春”。那时无论官庶见到春官都要作揖礼谒。有时还会找一个小男孩儿穿青衣戴青帽，站在田间敲锣打鼓，歌唱迎春的赞词，到每家去报春，挨家挨户送上一张春牛图或迎春帖。如此具象化，更令人觉得春天的生机和可爱。

打春，则是指鞭打春牛。宋人的《岁时广记》《东京梦华录》中记载，立春那天，地方官吏会把牛抬出来，用五彩木棍敲打春牛，寓意“春天来了，不要再犯懒了，开始耕种吧”。城里也会有贩售土塑“小春牛”的贩子，小春牛四周还点衬了百戏杂耍的人物，颇有趣味。

南北朝时，人们会在立春这一天把彩绢剪成燕子的形状，佩戴在身上，好似燕子衔来春的消息，翩翩落到衣襟上。到了宋代，花样更为繁多。《东京梦华录》中记述："或为幡，或为胜（首饰名），或剪作蝶形钱形的，不但官府上有赐，民间则不论男女老幼都戴的。"辛弃疾《汉宫春·立春日》词中说："春已归来，看美人头上，袅袅春幡。"

宋代以前，家家户户还会在纸上写上"宜春"两个字，贴在门上，这便演变成后来的春帖。到了宋代，春帖选用绛罗做底衬，上面用金丝彩线绣上五言、七言绝句，比如今的剪纸春帖多了许多雅趣。

食事

中国人认为，春季阳气初生，饮食应以"助生阳气"为原则。如葱、韭菜、萝卜，都可以驱寒、杀菌、防病，促进阳气生发，符合立春时节的养生原则。

按自然界属性，春属木，与肝相应。饮食应当"增辛少酸。"可以选择一些柔肝养肝、疏肝理气的辛甘味饮食，如

春盘

材料：葱、蒜、韭菜、香菜、芹菜芯；适量盐、芝麻油、酱油
做法：凉拌，也可以卷到春饼里吃。

春饼

材料：面粉、大葱、豆芽、鸡蛋、韭菜、豆腐干、香油、甜面酱、盐
做法：用温水烫面，烙或蒸成薄饼，可大如团扇，亦可小如碗碟，两张为一合。烙时每张饼上抹些香油，吃时则很容易揭开。春饼中卷的菜称"和菜"，除必备有葱丝、甜面酱外，其他菜丰俭由人，生熟兼有，荤素齐全。其中热菜应有炒粉丝豆芽、鸡蛋炒韭菜，有豆腐干则最好。

春卷

材料：春卷皮、豆芽、韭菜、胡萝卜；适量淀粉、香油、芝麻油、酱油、白糖、胡椒粉、盐

做法：豆芽焯水，韭菜切段，胡萝卜去皮、切丝。将以上三种材料放入盆中，加入各调料，拌匀制成馅料。取春卷皮铺平，放入馅料，包卷成春卷生胚，封口处用水淀粉粘住。炸锅中倒入油，烧至六成热，放入春卷生胚，炸成金黄色，捞出，沥干油后装盘即成。

辛温发散的大枣、豆豉、香菜、花生、薄荷等。而酸涩的食物则因为收敛作用强，不利于阳气生发，应当适量减少。

立春肝气渐旺，也会影响脾胃功能，因此可吃些山药、大枣、粗粮、绿色蔬菜，可以控制过旺的肝气，调和脾胃。春节期间，许多人刚刚经历了大鱼大肉的家宴，饮食油腻，此时应清淡一些，多吃蔬菜、萝卜，调理脾胃积滞。

“春初早韭，秋末晚菘。”早春的韭菜鲜翠碧绿，辛香浓郁。民间有俗谚“正月葱，二月韭”，便是指农历二月后生长的韭菜最有补益作用。

江南的菜薹也肥肥绿绿掐上餐桌了。此时的菜薹最为鲜嫩，等到过几日菜薹开花时，便无人问津了。

许多地方民间立春有“咬春”的习俗，在立春这一天吃一些春天的时新蔬菜，来迎接新春的到来，以顺应天时之道。各地亦有吃春盘、春饼、春卷等习俗。

春盘源于汉代，是在盘中盛上五种带有辛辣味的蔬菜，作为凉菜食用。五辛盘中的五辛在魏晋时是指大蒜、小蒜、韭菜、芸薹、胡荽五种蔬菜，以发五脏之

菜薹

气。杜甫《立春》诗中说："春日春盘细生菜，忽忆两京梅发时。"苏东坡《送范德孺》云："渐觉东风料峭寒，青蒿黄韭试春盘。"

我们不妨也在立春时节做一份五辛盘给家人，来顺应时令，散发五脏之浊气。

春饼，是北京、山东等地流行的立春家宴美食。春饼里卷的不是五辛鲜蔬，而是酱熏及炉烧腌制肉类,并各色炒菜，如菠菜、韭菜、豆芽菜、干粉、鸡蛋等,用面粉烙薄饼卷来吃。

吃春饼，老北京人是很讲究的，要卷成筒状,要从头吃到尾，意为"有头有尾"。

春卷，则在南方立春时节多见。《岁时广记》中说："京师富贵人家造面蚕,以肉或素做馅……名曰探官蚕。又因立春日做此,故又称探春蚕。"

面蚕即当今常吃的“春卷”，多以豆芽、韭菜、韭黄等利于阳气生发的蔬菜和肉类为馅,炸得外焦里嫩，甚是合胃。

立春时节，赣南客家人会用鼠麴草和上米粉做成粿，壮阳气，除瘟疫。平常大人不让小孩子吃糯米，只立春和端午这几天才可以吃。

花信

在二十四番花信风中，立春的花信为一候迎春，二候樱桃，三候望春。迎春、望春，一迎一望，皆是最早探看春天的花木。迎春花花朵鲜黄，早春时节挂满枝条，分外明亮。望春花为玉兰属花卉，比辛夷、白玉兰早开许多时日，花瓣粉里透白，美得如遗世独立于早春的佳人。倒是樱桃花，在江南要到二三月才开，或许与古人的花信已有差异。这时候，江南是赏梅的好时节，苏州郊外的香雪海、台州国清寺的隋梅，杭州的孤山、无锡的梅园、南京的梅花山，梅花正开到尾声，满树落英缤纷。

“江南无所有，聊赠一枝春。”立春时节，可在书斋插一枝梅花，点染春意。

立春时节，江南的山茶花也开了。山茶花花期长，从头年的十二月，一直可以开到第二年的五月，从冬到春，园子总不寂寞。山茶花的日语名字为“椿”，一木一春，字形看来极美。山茶花分单瓣和重瓣，单瓣茶花多为原始花种，几片红色花瓣,托着毛茸茸的黄色花蕊，绰约轻盈。立春时节，采一枝山茶插入黑陶罐中，以树根做背景和支撑，来体现春日阳气初生，草木萌动的生命张力。

岁朝清供　花材：梅花、山茶、腊梅、南天竹、松枝等　事花人、摄影：殷若衿

立春，可以在案几上布置“岁朝清供”，以祈愿新年好运，春意盎然。岁朝，是指一岁之始。清供，以清雅为供，是指案头陈设，如盆花、瓜果、文玩之类。岁朝清供，顾名思义是一岁之始陈设于案头的清雅物件，供天地日月，供神仙圣贤，更供祖宗社稷。岁朝清供的案头盆花，通常是摆上一盆水仙，或于青花小瓶插上腊梅或者天竹。

茶事

煨春茶，也叫“煨春”，即吃春茶，流行于浙江温州一带。乾隆时期的《温州府志》载：“至某时立春，则烧樟叶，燃爆竹，用栾实、黑豆煮糖茗，以宣达阳气，名日春。”旧时温州人的春茶颇为考究，将柚子切开，加上白豆（或黑豆）放在茶中饮食，后来改为将一些食材放在“汤罐”中煨得烂熟。煨好春茶后，温州人先敬祖先，然后与家人邻居们分食，称为吃

绿印圆饼

“春茶”。当然，煨春茶所用的食材各地有异，如苍南地区用红豆、红枣、柑橘、桂花和红糖合煮，瑞安地区则用朱栾、红豆、黑豆、红枣、薏米、红糖、桂花等。温州人春茶所用的食材都是味甘之品，正适宜春季食用。

立春时节，可以选择一款陈年生普作为日常品饮，化解春节期间饮食的滋腻。生普新茶含有丰富的茶多酚，虚寒体质的人品饮，易引起肠胃不适，因此最好选取十年以上陈年普洱生茶。普洱生茶存放得当的话，刺激性会减弱，口感与新茶相较，亦少了几分苦涩，并能呈现出厚实度，以及蜜香、兰花香，或木质香等陈香。

近代历史上，云南普洱茶曾出现福元昌号、同庆号、敬昌号、宋聘号等老字号生普。20世纪40年代，佛海茶厂（后更名为勐海茶厂）生产的印有中茶公司标志的“红印”，以易武茶山茶菁制成，呈现出曼妙陈韵的兰香或野樟香，在普洱老茶中一枝独秀。同属中茶公司的早期“绿印”收自勐海附近的上好茶菁，亦是可以被信任的一流好茶品。此外，还有小字绿印、黄印、福禄贡等生普老茶也皆为上选。

香事

立春时节，阳气初生，病毒、细菌也随之在空气中滋生，平日喜欢玩香的朋友，可在居室中点沉香、檀香等香品以芳香辟秽，散风驱邪。或燃一款宋代香方——宣和御制香。宣和御制香为宋代皇宫秘制名香，记录于宋人陈敬的《陈氏香谱》中，配方中有沉香、檀香、金颜香、背阴草、朱砂、龙脑、麝香、丁香、甲香。此香香韵峻雅，意蕴沉着，焚之香气随气血流通，循经络运化，安和五脏六腑，为我国古代名香之一。

╳ 熏香

立春是细菌、病毒滋生的时节，因此家居环境要常开窗透气，使气流畅通，保持室内空气清新，有助于提升人体卫气。注意口鼻卫生，回家洗手，保持居室清洁，防止病毒从口鼻乘虚而入。即便深居家中，也要做一些运动，动能升阳，可帮助提高机体免疫力，预防病毒感染，例如健身操、八段锦、太极、站桩等，同时注意作息规律，尽量不要熬夜。

PART 02
雨水

雨水时节，细雨斜斜，春风脉脉，

绿柳如烟，万物萌动。

好雨知时节，当春乃发生。

╳ 江西婺源　摄影：周琳

雨水，正月中，天一生水。雨水是一年中的第二个节气，此时太阳到达黄经330° 的位置，每年在公历2月18日到20日。《月令七十二候集解》中说："春始属木，然生木者必生水也，故立春后继之雨水。且东风既解冻，则散而为雨矣。"春天属木，水生木，木获得生发的力量，必须有水来生它。

"好雨知时节，当春乃发生。随风潜入夜，润物细无声。""天街小雨润如酥，草色遥看近却无。"这些脍炙人口的美好诗句，都是在描述这个时节的雨水，酥而润，轻而柔。

雨水时节，北方地区气温回升到0℃以上，冰雪融化，春风化雨。江南细雨斜斜，春风脉脉，春兰吐蕊，绿柳如烟。"春雨贵如油"。这个时节的春雨对于农人来讲最是珍贵，如天赐似恩诏。雨水有雨，预示庄稼会有好收成，也提示农人莫要懒惰，该开始繁忙的春耕了。而雨水节气的雨又称为天泉，烹茶最为甘冽。

《月令七十二候集解》中说雨水三候。一候獭祭鱼，二候鸿雁北，三候草木萌动。一候獭祭鱼，雨水节气第一个五天，水獭开始捕鱼了。獭是水里一种喜欢吃鱼的小动物，它们在捕到一条鱼后，会把鱼咬死放在岸边，再下水去捕，等捕来的鱼够吃一顿了，才大快朵颐。中国古人见到这个情景，觉得鱼排列得像祭天的供品，于是称其为"獭祭鱼"。二候鸿雁北，是说五天后，大雁开始从南方飞回北方。大雁是候鸟，秋季南飞，春季北飞。古人认为大雁是顺着阴阳之气而往来的，当大雁从南方飞回来，就是阳气动了，"雨水"节气来临了。三候草木萌动，是再过五天，在"润物细无声"的春雨中，草木随阳气的升腾而开始抽出嫩芽，大地一片草长莺飞的春色。

人间雨水

雨水是一个充满人情味的节气。

在川西，出嫁的女儿会在此时节带上礼物回娘家，叫做“回娘屋”。礼物中有罐罐肉（用砂锅炖好猪脚和雪山大豆、海带，再用红纸、红绳封了罐口）、椅子等，以此来感谢父母的养育之恩。久不怀孕的女人，母亲会为其缝制一条红裤子贴身穿，来祈求子嗣。女婿也会给岳父、岳母送罐罐肉等礼物，祝福岳父、岳母长寿安康。如果是新婚女婿送节礼，岳父、岳母还要回赠雨伞，让女婿出门奔波能遮风挡雨，也有祝愿女婿人生旅途顺利平安的意思。

在一些地区，雨水节还有“拉干爹”的习俗，取“雨露滋润易生长”的意思。这天，孩子父母会提着装好酒菜、香蜡、纸钱的篼篼，带着孩子在人群中穿来穿去，找寻干爹对象。按当地风俗，这样可以让儿女健康平安的成长。

食事

江南的雨水时节，荠菜是餐桌上的主角。

辛弃疾《鹧鸪天·陌上柔桑破嫩芽》诗云：“春在溪头荠菜花”。苏东坡更是对荠菜情有独钟，《次韵子由种菜久旱不生》中有诗句：“时绕麦田求野荠”。他还饶有兴味地发明了一种荠菜和米一起熬煮的粥，自称“东坡羹”。对荠菜钟爱的还有陆游，他在《食荠》里认真地写道“小著盐醯助滋味，微加姜桂助精神。”

✕ 洋粉粥

洋粉粥

材料：糯米丸子（实心的或者咸味馅的）、黄芽菜、青菜、荠菜、笋干、小油泡、豆腐丝、肉丝、米粉、盐

做法：米粉用凉水化开，泡四五小时以上；将小油泡、青菜、荠菜、笋干、黄芽菜、豆腐丝等，泡好，洗净，放入锅里加入油炒一下，放少量水煮到翻滚，加入搅拌均匀的米粉和糯米丸子，用锅铲不停地搅拌，防止米粉结块；滚到青菜烂了，放入盐油，盛出即可。

到野外摘一篮荠菜回家包馄饨，是江南人春天必须要做的事。江南水乡的农村，正月十五会吃“洋粉粥”，里面就有荠菜。

春雨后的第一波菠菜最为甘甜，新鲜软糯，是菠菜最好吃的时候了。菠菜叶深绿，根浅红，于是中国古人生动地形容菠菜为“红嘴绿鹦鹉”。到了夏天，菠菜就老了，叶子又尖又细，根变成深红色，称作火焰赤根菜，口感和春天的菠菜不可同日而语。

雨水时节寒气与湿气并重，肝旺而

脾弱，饮食上宜少酸多甜，侧重于调养脾胃和祛风除湿，可多食大枣、菠菜、荸荠、甘蔗、茼蒿、山药等。“春月宜食粥”，如枸杞粥、红枣粥、银耳粥等，都是不错的选择。

花信

二十四番花信风中记述，雨水的花信为：一候菜花，二候杏花，三候李花。

雨水时节，江南的菜花等十字花科植物已经开出稚嫩的黄色小花，汇报早春的讯息，从江西婺源到浙东，可以一茬一茬开到清明去。江南的杏花、李花在田野山间一层层染过，春天也由浅渐深了。此时江南的山茶开得正好。单瓣、重瓣，红色、白色，红白相间的“抓破美人脸”“花露珍”，各有美态，清婉可人。可以选择在居室内插一罐山茶，陪伴我们度过早春美好时光。

春兰也在这个节气吐露幽幽清香。兰花在中国文化中被视为隐逸在山谷中的君子，枝蔓纤细绵长，花朵不浓不艳，颇得东方美学意境。

《吕氏春秋》中说：“冬至后五旬七日，菖始生。菖者，百草之先生者也。”就是说，冬至后第57天，是菖蒲的生日。古人喜欢为许多花草确立生日，这其中有古人的浪漫情怀，但大体也反映了每年花草萌发的时间。雨水时节，菖蒲在林泉白石间萌生了。

✕ 花材：山茶　花器：明代龙泉窑罐　事花人、摄影：殷若衿

× 小青柑

茶事

雨水时节，乍暖还寒，雨量增多，脾脏也易被寒湿邪气困着，因此可以喝一些橘普或者小青柑来疏肝解郁，健脾行气。橘皮宜选用陈年新会陈皮，理气降逆效果最好，与熟普匹配，更能发挥芳香健胃、驱风下气的作用。

香事

雨水时节，草木蔓生，春山在望，万物蕴含着生机与希望，就像人类的孩童时期，可以熏一款宋代名香——婴香，来焕发春之生机与神采。

婴香香方

沉水香三两，丁香四钱，制甲香一钱，龙脑七钱，麝香三钱，旃檀香半两，炼白蜜六两，马牙硝末。

婴香香方记录于南宋末年陈敬的《陈氏香谱》与明末周嘉胄的《香乘》中。“婴香”之名出于道教经典、南朝梁陶弘景编注的《真诰》，描述“婴香”为神女体香。婴香香气清幽雅致，如暗香浮动的寒梅花香，闻入，喉中有甘甜生津之感，令人倍感精神焕发，感应早春的勃勃生机。

雨水时节，大地的气温刚刚开始回升，降雨增多，初春的降雨容易引起气温骤然下降，俗称“倒春寒”。因此在这个节气需要注意“春捂”保暖，不要过早脱掉冬衣。但“春捂”也不能捂过头，容易诱发感冒。

中国有句俗语：“春困秋乏夏打盹。”为了赶走春困，每天早上醒来，在床上伸伸懒腰，可以焕发新一天的精神气象。

这个季节天气变化无常，容易引起人的情绪起伏不定，所以也应注意积极调整精神，保持情绪平和稳定。

PART 03

惊蛰

惊蛰，春雷乍动，阳气渐升。

众蛰各潜骇，草木纵横舒。

桃花红，杏花粉，李花白，菜花黄。

╳ 杏花

惊蛰，是二十四节气中的第三个节气，在每年的公历3月5日到6日，此时太阳到达黄经345°。《夏小正》曰：“正月启蛰，言发蛰也。万物出乎震，震为雷，故曰惊蛰。是蛰虫惊而出走矣。”《月令七十二候集解》：“二月节……万物出乎震，震为雷，故曰惊蛰，是蛰虫惊而出走矣。”惊蛰代表仲春时节的到来。动物入冬藏伏土中，不饮不食，称为“蛰”，春雷响过之后，天地阳气复苏，蛰伏在泥土里的冬眠动物和草木虫蚁感于春季温暖，震惊而出，是为“惊蛰”。

惊蛰，也曾被称为“启蛰”。汉朝第六代皇帝汉景帝的讳为“启”，为了避讳而将“启”改为了意思相近的“惊”字。初唐，“启蛰”的名称重新被使用。唐开元十七年（729年）大衍历实施，再次使用“惊蛰”一词，并沿用至今。但在现今的汉字文化圈中，日本仍然使用“启蛰”这个名称。

惊蛰，为干支历卯月（含惊蛰和春分两个节气）的起始，“卯”意为“冒”，万物冒地而出，代表着生机，所以卯月（二月）也是能量迸发的月份。惊蛰反映的是自然生物受节律变化影响而出现萌发生长的现象。在中国传统文化中，方位、八卦以及干支是联系在一起的。当北斗星斗柄指向正东方，卦在震位，“万物出乎震”，为生发之象。一岁十二个月建，每个月建对应一卦，卯月对应的是雷天大壮一卦；大壮卦的卦象就是天上开始打雷了。时至惊蛰，阳气上升、气温回暖、春雷乍动、雨水增多，万物生机盎然。农耕生产与大自然的节律息息相关，自古以来老百姓都很重视惊蛰这个节气，把它视为春耕开始的节令。

惊蛰时节的春雨，和雨水节气的春雨略有不同，常常伴着电闪雷鸣，滂沱而下。从气象学角度分析，惊蛰节气多雷雨，是因为大地湿度渐高，促使地面热气上升或北上的湿热空气势力较强，活动频繁所致。中国幅员辽阔，各地响起第一声春雷的时间不同，在南方，一月底即可听到雷声，而在北京，则要在四月下旬。二十四节气最早的观察地点是在中原一带，由于几千年的地域气候转变，如今与长江流域地区的自然节律更加吻合，因此住在江南的人，更容易在惊蛰时节听闻春雷阵阵。

惊蛰后气候逐渐变暖，万物萌苏，是梨、桃、李等落叶果树的开花抽梢期和柑橘、杨梅等常绿果树的萌芽期。民谚说："春雷响，万物长。"先民认为惊蛰时节雷声大动，预示这一年会有个好收成。因为雷雨过后，种子会纷纷钻出地面，疯长出嫩芽。现代科学证实，雷雨带来的闪电会在空气中形成二氧化氮，伴随雨水而下就变成了最好的天然肥料，给农作物补氮。

宋代范成大的《秦楼月·浮云集》描述惊蛰："浮云集。轻雷隐隐初惊蛰。初惊蛰。鹁鸠鸣怒，绿杨风急。"陆游在《春晴泛舟》中形容惊蛰："雷动风行惊蛰户，天开辟地转鸿钧。"韦应物在《观田家》诗中说："微雨众卉新，一雷惊蛰始。田家几日闲，耕种从此起。"都刻画了惊蛰时节带给人间的变化。自然生物苏醒过来了，农人要开始耕作了，人们焕发精神，开始勤奋努力了。

《月令七十二候集解》中说惊蛰三候，一候桃始华，二候仓庚鸣，三候鹰化为鸠。一候桃始华。桃花的花芽在严冬时蛰伏，于惊蛰之际开始开花。二候仓庚鸣。庚亦作鹒，黄鹂也。黄鹂开始婉转啼鸣。古诗中"千里莺啼绿映红"便是此时的江南春景。三候鹰化为鸠。惊蛰时节，古人观察到天空中雄鹰踪迹渐少，而鸠之类的小鸟却多了起来。鹰开始悄悄地躲起来繁育后代，而原本蛰伏的鸠开始鸣叫求偶了。

人间惊蛰

关于惊蛰节气，最古老的神话传说与我们所熟悉的盘古有关。传说盘古开天地后，他的呼吸变成了风，他的声音变成了雷。秋冬时，雷藏伏于土中，开春后，农人掘地，雷破土而出，轰然作响，万物被雷声唤醒。

平地一声雷，爬虫走蚁会应声而起，四处觅食。所以先民在惊蛰当天，会手持清香与艾草，熏家中四角，来驱赶虫蚁、蛇鼠，消散霉味，久而久之演变成驱赶霉运的习俗。

惊蛰还有祭白虎的习俗。民间传说白虎是口舌、是非之神，每年会在惊蛰日这天出来噬人，冲犯到它则一年内容易招惹口舌是非，带来诸多不顺。为了自保，人们便在惊蛰那天祭白虎——用猪血喂黄色黑斑纹做成的纸老虎，使它不再张口说人是非。后来，祭白虎渐渐演变成打小人、去晦气的习俗。人们通过拍打纸公仔，驱赶身边的小人瘟神，以求新一年事事如意。

惊蛰节气，百姓还会祭雷公。雷公是惊蛰的节气神，一个鸟嘴人身，长着翅膀的大神。当他挥舞起铁锤敲打环绕自身的天鼓时，人间就发出隆隆的雷声。

每年惊蛰，武夷山的茶农还会“喊山”。人们站在茶田中齐声喊着：“茶发芽喽……”用古老的仪式，来唤醒春天，祈愿一年的茶事顺遂丰收。

✕ 油焖笋

食事

中国许多地方都有惊蛰吃炒黄豆的习俗。惊蛰时节百虫尽出，人们用黄豆、芝麻等来代替虫子，放在锅里翻炒，噼里啪啦，谓之“爆龙眼”，然后一家人争抢炒熟的黄豆吃，谓之“吃虫”，意喻庄稼无害、五谷丰登，如今则演变成了炒糖豆的惊蛰美食。

春雷阵阵，雨水渐多，此时泥土中萌发的竹笋最为鲜嫩。毛竹、苦竹、淡竹、麻竹、箭竹、慈竹等春笋，因是感应春雷的召唤而萌生，又叫“雷笋”。

油焖笋

材料：竹笋、细香葱

辅料：油、盐、料酒、酱油、白砂糖

做法：竹笋剥去笋壳，削去老头，用刀面拍破方便入味，顺长切成几条，再横向切段，放入滚开水中焯水5分钟，以去掉草酸的涩味；细香葱切成葱花，将葱白和葱绿分开；炒锅烧热，放油，爆香葱白，下竹笋，放盐翻炒至竹笋微微发黄，表皮收缩，再放入料酒、酱油、白糖炒匀，加三汤匙清水，盖上盖焖5分钟，待到汤汁浓缩，即下葱花，翻匀出锅。

炖梨

材料：雪梨、冰糖、大枣、花椒
做法：梨洗净去盖，梨核挖出，放入冰糖、大枣碎、几粒花椒，盖上梨盖，放入炖锅炖20分钟。

油焖笋，是江南地区最家常的春笋做法。油焖笋用酱油增色香，用白糖调味，简单的烹饪就可以焕发春笋的鲜美滋味。

惊蛰养生重在疏肝养阳，培补正气，可多食疏肝风、养肝血的食物，胡萝卜、菠菜、芹菜、韭菜等皆可，也可以喝一些以玫瑰、菊花、陈皮为材的花草茶，来疏肝理气。

惊蛰乍暖还寒，“百草回芽，百病易发。”随着气温迅速回升，冷暖空气交替频繁，病毒、细菌有机可乘，易引发感冒、流感、宿疾等，可多吃一些生津润燥的饮食，帮助身体抵抗风热感冒、咳嗽、咽喉肿痛等疾病。民间有惊蛰吃梨的习俗，梨可以生食、榨汁，也可蒸食、烤或者煮水。惊蛰吃梨可滋阴润燥、清火除热、润肺止咳，令五脏和平，增强体质，抵御病菌的侵袭。

花信

二十四番花信风中，惊蛰初候是桃

✕ 花材：梨花　花器：汝窑八棱瓶　事花人、摄影：般若衿

花，即一候桃始华。“惊蛰桃花开，春分燕子来。”如今的江南，桃花其实要到清明时节才盛开。二候棣棠。棣棠柔枝垂条，金花朵朵。三候蔷薇。“当户种蔷薇，枝叶太葳蕤。”蔷薇往往密集丛生，盛放起来满枝灿烂。蔷薇的花期和当下的气候也有出入，如今江南的大片蔷薇要在立夏前后才盛放了。

惊蛰节气，江南梨花开得正好，可在家中以汝窑花瓶插一枝梨花，点衬春意盎然的气息。

茶事

惊蛰时节，时值仲春，春意渐浓，肝气渐盛，肝气容易郁结。此时适宜喝一些花茶，来疏肝解郁。

茉莉花茶，老北京人俗称为“香片儿”，在春日里品饮，可以清肝明目，解郁祛风，醒脑提神。端起茶盏，揭开杯盖一侧，顿觉芬芳扑鼻，人仿佛置身于繁花中。

茉莉花茶

⤫ 龙涎香

香事

惊蛰时节，春雷惊百虫，此时可以选择“龙涎香”来顺应仲春生发之气。可以直接焚香，也可以选择相应线香产品。此龙涎香并非抹香鲸科动物抹香鲸分泌的香品，而是记录于宋人陈敬《陈氏香谱》与明人周嘉胄《香乘》中的合香香方，含有沉香、麝香、龙脑3味香料。龙涎香香气优美，微带清凉，可开窍醒神，非常适合惊蛰阳气生发的时节佩戴、焚烧，令人精神焕发，充满春日朝气。

《黄帝内经》中说，“春三月，此谓发陈，天地俱生，万物以荣，夜卧早起，广步于庭，被发缓形，以使志生，生而勿杀，予而勿夺，赏而勿罚，此春气之应，养生之道也。逆之则伤肝，夏为寒变，奉长者少。”惊蛰春雷乍动，气温回暖，阳气渐升。养生要顺应天时，使自身的阳气、精神、情志也像自然界的万物一般舒展畅达，充满生机。

PART 04
春分

春分时节，莺飞草长，暖日暄暄。

小园几许，收尽春光，正莺儿啼，燕儿舞，蝶儿忙。

出门俱是看花人，不负春光。

╳ 海棠花开

春分，春天的第四个节气，在每年公历3月20日或者21日，此时太阳抵达黄道360°。汉代董仲舒的《春秋繁露》中说："春分者，阴阳相半也，故昼夜均而寒暑平。"春分的意义，一是指一天时间白天黑夜平分，各为十二小时；二是春分正当春季三个月之中，平分了春季。

春分日这一天，太阳直射在赤道上。此后太阳直射点继续北移，故春分也称"升分"，古时又称为"日中""日夜分"。春分，是二十四节气中的"两分"之一。我们把一个太阳年看作一个太极，太极生两仪（两分，春分与秋分），两仪生四象（即春夏秋冬四季），四象生八卦（即八节）。春分与秋分，周而复始，于是中国人把"春"与"秋"这一时序当作时空，指代历史。孔子一部《春秋》开创写史的传统，称为"春秋笔法"，"春秋"也成为指代东汉前半段历史时期的名词。

有趣的是，同样住在北半球，伊朗、土耳其、阿富汗等国家，则把春分这一天看作新年的开始，其地位等同于中国人的春节，人们会庆祝一周，访亲会友，出游踏青。

《月令七十二候集解》中将春分分为三候：一候元鸟至，二候雷乃发声，三候始电。一候元鸟至，便是说春分的头五天，燕子便从南方飞来了。燕子背面的羽毛呈现灰蓝黑色，古人称这种颜色为"玄色"，于是也把燕子称为"玄鸟"。感应季节变化而迁徙的候鸟，常常成为中国先民测算时间的参照物。每年秋分前后，燕子飞往遥远的南方，每年春分前后，燕子飞回北方哺育后代。晏殊《流溪沙·一曲新词酒一杯》云："无可奈何花落去，似曾相识燕归来。"古人说的"玄鸟司分"，便是说由玄鸟来界定春分、秋分。二候雷乃发声，三候始电，说的是春分的后十天，下雨时天空常伴有电闪雷鸣。

唐代元稹在《咏廿四气诗·春分二月中》中说："二气莫交争，春分雨处行。雨来看电影，云过听雷声。山色连天碧，林花向日明。梁间玄鸟语，欲似解人情。”唐代徐铉则在《春分日》中描绘春分：“仲春初四日，春色正中分。绿野徘徊月，晴天断续云。”正是一年天朗气清、桃红柳绿的春日盛景。

“春分麦起身，一刻值千金”。一场春雨一场暖，春分过后，春耕、春种即将进入繁忙阶段。

人间春分

从周朝起，到清朝止，帝王有春天祭日、秋天祭月的礼制。《礼记》中说：“祭日于坛。”春分这一天日出时分的卯时（也就是早上的5点到7点），皇帝会带着百官到日坛祭日。清人潘荣陛在《帝京岁时纪胜》中说：“春分祭日，秋分祭月，乃国之大典，士民不得擅祀。”北京的日坛公园就是明、清两代皇帝春分祭祀大明神（太阳）的地方。每逢甲、丙、戊、庚、壬年份，皇帝亲自祭祀，其余的年份由官员代祭。朝日坛在整个建筑的南部，坐东朝西，这是因为太阳从东方升起，人要站在西方向东方行礼的缘故。祭日虽然比不上祭天和祭地的典礼，但仪式也颇为隆重。

春分日，世家望族会在祠堂祭祖，称作“春祭”。中国古代望族多建有祠堂，以便子孙后代供奉历代祖先。清代《东平县志》记载：“凡世家望族多建宗祠，供奉本族祖先，每年春秋致祭，多以春分、秋分二节……由族中长者率族众一体行四叩礼，祭毕在祠中燕饮，以敦祖谊。”春分祭祖规模盛大，全族全村人会扫祭远祖，然后再分房、分家扫祭各家祖先私墓。扫墓活动可以从春分延续到清明。而过了清明，传说墓门将关闭，祖先便受用不到子嗣的祭拜了。

旧时，一些农村都在春分这一天按习俗放假。每家都要吃汤圆，而且还要把实心汤圆煮好，用细竹叉扦着置于室外田边地坎，名曰“粘雀子嘴”，免得雀子来破坏庄稼。

从汉代开始，春分后的第五个戊日，被人们称为“春社”。这一天，民间要祭祀土地神，来祈祷农事丰收。社，也是邻里单元的代称，有二十五家为一社的，也有六里地为一社的。到了社日，同社者聚集在大树下，先祭祀土地神，然后分享酒肉。唐代王驾的《社日》：“桑柘影斜春社散，家家扶得醉人归”，就是描写乡人春社之后酒足饭饱归家的情景。

春分时节，百花争妍，出门俱是看花人。唐朝时，络绎不绝的看花人中，不但女子戴花，男子也簪花，因为契合了盛唐春风浩荡的气韵，甚至成为一种春日礼仪。和煦的东风一起，人们还会放纸鸢。此时春光明媚，地气升腾，是最适宜放风筝的季节。

春分日，民间有竖蛋的习俗。选择一个光滑匀称、刚生下四五天的新鲜鸡蛋，放在桌子上，轻轻地竖起来。“春分到，蛋儿俏。”从现代天文学分析，春分日南北半球昼夜等长，呈66.5°倾斜的地球地轴与地球绕太阳公转的轨道平面处于一种力的相对平衡状态，因此容易把蛋竖起来。

除此之外，春分也是种植、移栽、扦插的好时候。《文水县志》载：“春分日……移花接木。”

食事

中医讲究“食岁谷”，春日适合吃一些刚萌生的“春芽”，以迎合春日体内生发之气。荠菜、香椿、春笋……都是应季的不错选择。

香椿被称为“树上蔬菜”，是一种阳气十足的食物，在春日煦暖的阳光雨露滋润下生长特别快。嫩芽采摘过一茬后，没几天就又会萌生出新的一茬，一个春天可以吃好几茬。头茬的香椿芽最嫩，焯过水后，稍稍用盐腌一下，切碎，淋上香油，拌上豆腐最好吃。长大一点的香椿炒鸡蛋吃最美妙。

春天，多吃韭菜、莴笋、菠菜等绿色蔬菜能够帮助疏理肝气，唤醒五脏。春分时节，山西晋城的家家户户都要吃春菜。所谓春菜，就是荠菜和灰蒿。凉拌、热炒或包饺子，把春天的新绿吃到肚子里。

春分是阴阳平衡的时节，饮食上也需要平和，禁忌偏热、偏寒、偏升、偏降的食物，以保持人体阴阳调和。在烹调鱼、虾、蟹等寒性食物时，可佐以葱、姜、酒、醋等温性调料，来调和菜肴性寒偏凉；在食用香椿、韭菜、蒜苗、豌豆苗等助阳类菜肴时，可与滋阴润燥、益气养阴的鸡蛋同炒，来达到阴阳互补之目的。

花信

二十四番花信风中说，春分初候为海棠花。海棠与桃李梅同为蔷薇科植物。《群芳谱》中记载海棠有四品：西府海棠、垂丝海棠、木瓜海棠和

⋉ 玉兰

⋉ 花材：白玉兰　花器：陶皿　事花人、摄影：殷若衿

贴梗海棠，盛开时远看云蒸霞蔚，近看则蓓蕾是红色，花瓣是白里透红，像用蘸了胭脂色的毛笔晕染而成，也像少女羞赧的面庞。二候梨花。春分时节，山溪野径有梨花，枝头堆砌如雪。三候木兰花。木兰花含苞欲放，形似木笔。

白居易《题灵隐寺红辛夷花戏酬光上人》诗曰："紫粉笔含尖火焰，红胭脂染小莲花。"乾隆皇帝《含韵斋玉兰（其一）》诗云："怪底此花称木笔，最能描出好春光。"春分日，可以插一罐木兰花在家中，增添春意盎然的气氛。木兰花的枝干比较粗大，因此插花时可以选择月亮罐等比较大的器皿，放置在玄关、厅堂等角落。木兰花的方向都是笔直向上的，有种向上生发的力量，因此插花时尽量保持木兰这种天然的、生机勃勃的姿态。

茶事

春分饮花茶，可以宣散人体郁闷之气，疏解肝郁，调和心情，是预防春季情志不和的好茶饮。常用的花茶有玫瑰花、月季花、芍药花、菊花、茉莉花、金银花、白梅花等。

可以选择一款玫瑰花茶来作为日常茶饮，尤其是玫瑰花与白茶搭配。玫瑰有理气活血解郁的功效，白茶茶性清凉，有退热清火功效。玫瑰花瓣在茶汤中绽放，也与春分时节百花盛放的情境相合，令人心生欢喜。

× 玫瑰白茶

蝴蝶香

材料：檀香、甘松、玄参、大黄、金砂降、乳香各一两，苍术二钱半，丁香三钱

制法：磨为粉末，炼蜜和剂，做成香饼，焚烧或者隔火熏香。

香事

春分时节，百花斗妍，引来蝴蝶翩翩飞舞。明人周嘉胄《香乘》中记载了一个有趣的“蝴蝶香”，云“春月花园中焚之，蝴蝶自至”。如有雅兴，可以尝试。

春分对应的是卯时，就是现在的早晨5点到7点，可以选择在这个时间起床，看看书，做做一日的计划，也可以选择做一些伸展舒缓的运动，如站桩、八段锦，或是在院子里散散步。

春分平分了昼夜、寒暑，人们在保健养生时需注意保持人体的阴阳平衡状态。《素问·至真要大论》：“谨察阴阳所在而调之，以平为期。”是说人体应该根据不同时期的阴阳状况，使“内在运动”，也就是脏腑、气血、精气的生理运动，与“外在运动”，即脑力、体力和体育运动和谐一致。在精神、饮食、起居等方面的调摄上，运用阴阳平衡规律，协调机体功能，使人体这一有机的整体始终保持一种相对平静、平衡的状态，才是养生的根本。

PART 05
清明

清明时节，天清地明，时雨纷纷。

小山前，小河岸，田野上，

纸鸢飞，秋千荡，百花芬芳。

╳ 江西·婺源　摄影：周琳

清明，季春的第一个节气，在每年公历4月4日到6日之间，太阳到达黄经15°，北斗七星的斗柄指向“乙位”。《岁时百问》中说“万物生长此时，皆清洁而明净。故谓之清明。”清明有清爽明洁之意，这个时节天地清明，惠风和畅，万象更新。

清明，既是自然节气，也是传统节日。虽然在战国时期才被定为节气，却因为扫墓等习俗成为如今人们最重视的节气之一。

《月令七十二候集解》中说清明三候，一侯桐始华，二侯田鼠化为鴽（rú），三侯虹始见。一侯桐始华。桐木有三种，其中只开花不结果的品种叫做白桐，皮青会结果的是梧桐，有油的是油桐。其中可以用来制作琴瑟等乐器的是白桐木。这里应是指白桐花。二侯田鼠化为鴽（rú）。田鼠因烈阳之气渐盛而躲回洞穴，喜爱阳气的鴽鸟，既鹌鹑开始飞出山林活动。田鼠化为鴽，是古人的浪漫想象，意指阴气潜藏而阳气渐盛。三侯虹始见。虹为阴阳交会之气，云薄漏日，日穿雨影，彩虹便出现在天空。

清明风，是古称的“八风”之一。八风，是我国最早区分季候的方式。古人认为，一年之中每一个半月左右会吹一种不同的风，以冬至日为始，分别为“条风”“明庶风”“清明风”“暴风”“凉风”“阊阖风”“不周风”“广莫风”。清明风来自东南，和煦清明，吹醒土地的混沌，吹开谷物草木拔节生长，吹起困顿的人们勤于劳作。

人间清明

清明节与古老的节日寒食节有着密不可分的关联。寒食节为冬至后的第105天，清明则是寒食过后的第三天。中国的寒食节，源于古人在春天改火的习俗。先民们钻木取火，取火的树种因为季节变化而不断更换。春日天干物燥，人们保存的火种容易引起火灾，春季频繁的春雷也易引起山火。古人此时就把上一年传下来的火种熄灭，这便是“禁火”。这几天无火的日子，人们只能吃冷食度日，这便是“寒食”。过几天再钻燧木头取得新的火种，作为新一年生产生活的起点，这叫做“改火”，或者“请新火”。这段无火的日子即为寒食节，又被称为“禁烟节”“冷节”“百五节”。唐代王表《清明日登城春望寄大夫使君》诗云：“寒食花开千树雪，清明火出万家烟”。

关于寒食节的由来，有一个传说：春秋时期，晋国公子重耳为躲避祸乱而流亡他国长达十九年，大臣介子推始终追随左右、不离不弃。在最艰难的时候，介子推割下自己大腿的肉给饿得失去力气的重耳吃。后来，重耳励精图治，成为一代明君晋文公。但介子推不求利禄，选择功成身退与母亲归隐绵山。晋文公为了迫其出山相见而下令放火烧山，介子推坚决不出山，最终被山火烧死。晋文公悔恨莫及，感念忠臣之志，将其葬于绵山，修祠立庙，并下令在介子推死难之日禁火寒食，以寄哀思。第二年，文公率众臣登山祭奠，发现一棵老柳死而复活，便赐老柳为清明柳，并晓谕天下，把寒食节的后一天定为清明节。

在汉代，百姓在寒食节这一天不能点火，直到晚上，由宫中点燃火炬，传至大臣官宦贵族家中，百姓家才能开始点燃炉火。唐朝韩翃《寒食日即事》诗云：“春城无处不飞花，寒食东风御柳斜。日暮汉宫传蜡烛，轻烟散入五侯家。”

后来，寒食节的节日习俗增添了祭扫坟墓的内容。春秋以前，中国人安葬死者是不设土堆和标记的，祭祀逝者只是在宗庙里进行。直到春秋晚期，人们才在坟墓上封土堆，种上树木以做标记。祭祖，也从庙宇改到墓地，扫墓的风俗从此传承至今，“返本追宗，慎终追远”。

唐代以前，寒食与清明是前后相继，但主题不同的两个节日，前者禁火悼亡，后者生火护新，一阴一阳，一息一生。由于两个节日时间接近，扫墓的习俗也渐渐从寒食顺延到了清明。唐代时，寒食节与清明节合二为一，到了明清朝，寒食节基本消亡，唯余清明节。

除此之外，人们也把三月三上巳节的游春习俗归于清明节名下。在清明节，人们会踏青、放纸鸢、插柳、射柳、蹴鞠、荡秋千。清明正是天气清明、草长莺飞的时光，人们尤爱在清明节携带寒食笼茗器物，阖家踏青，探春插柳，游于远山近溪。

清明时节春风由下往上吹，适宜放风筝，古人称作放纸鸢。旧时，人们夜里会在放飞的风筝线上挂上一串彩色的小灯笼，像夜空里闪烁的星星。人们还会在清明当日把放上天的风筝线割断，让风筝随风而逝，这叫“放断鹞”，寄寓除病消灾，迎来吉祥。

在宋辽与明代，人们还会在清明节玩荡秋千，清明因此也被称为“秋千节”。明代的《析津志》上记载：“辽俗最重清明，上至内苑，下至士庶，俱立秋千架，日以嬉戏为乐……”兰陵笑笑生在《金瓶梅词话》中说：“又早清明将至……吴月娘花园中扎了一架秋千，至是西门庆不在家，闲中率众姐妹每游戏一番，以消春昼之困……”

蹴鞠，也是清明期间人们常玩的游戏。蹴鞠最早是外面包着皮革，里面填充米糠的球，玩法形似今日的足球，从战国到清代，一直流行于兵家练兵和民间游戏中。

清明时节，民间还有戴柳的习俗。传统的岁时节日在民间被分为人节、鬼节、神节三类。人节为春节、端午节、中秋节，重在人伦活动；鬼

✕ 明刊《金瓶梅词话》中荡秋千的插画

节有清明节、中元节、十月朔，重在追怀亡灵；神节有三月三、六月六、九月九，重在祭祀天神。在鬼节期间，人们一方面祭拜鬼神，另一方面也要防止恶鬼侵扰，而柳条有辟邪的作用。北魏贾思勰的《齐民要术》中说："取柳枝著户上，百鬼不入家"。这就是"三月清明门插柳"的文化根源。后来衍生出一种习俗：女子把柳条戴在头上，以达到辟邪的作用。古代中国人对远行的朋友往往折柳相送，也是希望友人一路平安。

过去清明节期间，浙江的乌镇、崇福、洲泉等地都有"蚕花会"活动。每年蚕花会人山人海，有迎蚕神、摇快船、闹台阁、拜香凳、打拳、龙灯、翘高竿、唱戏文等十多项活动。这些活动大多在船上进行，极具水乡特色。

宋代张择端的《清明上河图》以图卷的形式展现了盛世汴京清明的热

闹情景。《东京梦华录》里，孟元老对汴京人过清明的图景也有文字印证：“寒食第三日，即清明节矣，凡新坟皆用此日拜扫，都城人出郊……四野如市，往往就芳树之下或园圃之间罗列杯盘，互相劝酬。都城之歌儿舞女，遍满园亭，抵暮而归……节日坊市卖稠饧、麦糕、乳酪、乳饼之类。缓入都门，斜阳御柳，醉归院落，明月梨花。”文中记录的稠饧（xíng）、麦糕、乳酪、乳饼，正是不能生火的百姓吃的冷食。

如今的清明节，既有慎终追远的感怀，又有踏青游春的气氛。中国人通过扫墓确认自己的根，表达对先祖的感恩、思念，向祖先汇报自己一年来的功与过，祈祷祖先护佑一家人平安吉祥。清明节，已经成为除了春节、中秋节以外，中国人最大的团圆日，也是中国人和祖先超越时间、空间与生死相聚的日子，是中国人对宇宙天地、对列祖列宗的感恩。清明节扫墓的传统，令我们明白自己从何而来，向何处去，感恩家族香火的延续给予自己在天地间的位置，是最有人伦意义的节气。

扫墓的仪轨，各地不尽相同，比如宁波鄞州等地，扫墓最好是早上和上午，着装要得体。到了墓地，可以先在墓地外放炮仗，再把坟头的杂草清除干净，用清水清洗墓碑，把坟头修整干净。墓地是我们已故先人的房子，清明扫墓就是为先人打扫安息的房间，使先人安眠的环境清明干净。然后才是正式的祭拜。

拜祭过后，可以折几枝嫩绿的新枝插在坟上，也可以供奉些鲜花，家族每个人可以手捧一捧土，添加在坟上。待到香烧完，纸钱灰冷之后，一家人才可以离开。没有燃完的蜡烛不可以用嘴吹熄，必须用手煽灭。祭祀剩下的香烛不能带回家，贡品一般也不带回家。

亲人去世超过三年的，每年清明节前后三天都可以去扫墓。只需要点蜡烛、上香、放上供品，再烧上纸钱。

扫墓时不能嬉笑打闹，不能对坟墓拍照，也不能在坟区大树底下拍照，不能带坟墓周边的花草树木回家。

扫墓后，一家人可以在野外围坐聚餐饮酒，也可以放风筝。女人和小孩们还可以就近折些柳枝，编成箩圈状戴在头上，让先人看到后人的幸福和家业兴旺，在天之灵得以安慰。

清明拜祭　绘者：殷若衿

宁波清明祭祖

在宁波，清明祭祖是根据先人去世的年限来决定祭拜方式的。先人去世3年以内的，每年清明节当天要去坟头祭拜。在墓碑前点两支蜡烛，香的数目随意，不少于3支。供品需要放上米饭、筷子、酒杯，杯中酒要加满，数量与需要祭拜的先人数目一致；五碗菜，包括鱼、肉、蛋以及两碗素菜，可在青菜、豆腐、豆芽等任选两种；另外加一盘水果、一盘点心。香燃烧到一半的时候开始烧纸钱，多少随心决定。祭奠程序为上香、上供品、敬酒、拜祭。

食事

由于寒食节与清明节的渊源，一些地方还有清明节吃冷食的习惯。时至今日，中国各地形成了截然不同的清明节饮食习俗。

中国很多地方，有清明节吃青团的习俗。青团，又被叫做“清明粿”。袁枚在《随园食单》里描述青团“捣青草为汁，和粉作团，色如碧玉”，但是每个地方的青团味道都不尽相同。浙江南部的青田和温州用的是鼠麴草，浙江宁波、上海、安徽黄山等地用的是艾草，江苏苏州人则多用浆麦草汁。

苏州最地道的青团要算昆山正仪青团，正仪青团用浆麦草来做青汁，拌粉、制馅、和粉、包馅、蒸熟……整个工序不下十几道，需要多人通力合作才能完成。做出的青团颜色鲜绿油润，馅料有豆沙和百果几种，而猪油是地道滋味的灵魂。

宁波的青团多用艾草来做青汁，品种更丰富,有黑芝麻的，也有菜肉的，有的还会在青团外裹上一层米粒。皮儿的颜色偏深绿,咬一口,可以看见丝丝缕缕的艾草纤维,散发一种独特的清香。

浙江青田则用鼠麴草来和入米粉做“清明馍子”。鼠麴草，也叫鼠曲草、清明草、秋菊草，为菊科草本植物，有镇咳祛痰的功效。青田的清明馍口味有咸甜两种，暗沉的墨绿色，外表不起眼，咬一口，十分惊艳。咸味清明馍，馅料中有鱿鱼干、鲜笋、胡萝卜等，入口格外鲜美；甜味的则在馅料中加入红豆沙、猪肉、花生、猪油等，香软绵密。

在安徽黄山，清明粿被称为“清明粑粑”。当地人将艾蒿和到面皮里，一口咬下去能看到一根根绿色的艾蒿。清明粑粑的馅料有甜口的豆沙，也有咸口的萝卜、干笋、豆干、肉丝、咸菜等，微辣，咸酸，别有地方风味。

在四川，清明节前后人们则会吃“艾蒿馍馍”。把鼠麴草切细碎，与糯米粉、面粉和到一起，馅料甜口的是红糖馅，咸口的是芽菜馅。

广东客家人则把清明粿叫作“艾糍”，用滚水加少量小苏打，加入新鲜艾叶焯熟，再反复多次搓洗，洗去苦水，加小苏打、糖煲至烂滑；汁液晾至60℃时，和上糯米粉、面粉。馅料则是将生芝麻炒熟，用擀面杖将其碾碎后拌入砂糖。煮食、煎食都可以。艾糍是客家人拜神祭祖的必备食物。

福建的福州乡下吃的咸味清明粿子，甚至会加海蛎子、虾米等海味。

在台湾、福建闽南等地，清明节会吃扁平状的红龟粿和草仔粿。红龟粿是以糯米粉加上红麹粉做成面皮，草仔粿则是加入了鼠麴草粉。馅料有红豆沙、花生的甜口馅，也有萝卜丝、豆干、猪肉的咸口馅，是闽南人、客家人常见的节庆祭祀食物。

在潮汕传统中有“时令八节”之说，清明就是八节之一。对当地人来说，凡是用米粉、面粉、薯粉等经过加工制成的食品都统称为“粿”，属于潮汕日常点心，但他们也会根据每个节日的特点制作不同的粿品，即所谓“时节做时粿”。清明节前后，潮汕人一般都会做朴籽粿来祭拜祖先。朴籽树是潮汕当地的一种树，果实大如绿豆，味甘甜，有清热解毒、消痰下气之效。朴籽粿就是用朴籽叶做的。

※ 苏州浆麦草青团

╳ 摄影：草宿

艾草青团

材料：艾草、糯米粉、豆沙
做法：艾草加入少量水，放入搅拌机，打成青汁。青汁中加入少量盐，入锅中煮沸，去除涩味。然后把青汁和少许猪油趁热混入糯米粉后揉成面团。将粉团和豆沙分成数量相等的小剂子。将豆沙包入粉团中，搓圆，放入垫粽叶的蒸屉中，蒸20分钟左右即可。

浙江嘉兴等地，清明时节还有一道乡土点心，叫作“芽麦塌饼”，又叫芽麦圆子、甜麦圆子等。芽麦塌饼是以米粉、粳米以及一种叫作“草头”的野草为原料制作的。草头也叫棉线头草，把草的嫩头掐断，可看到断层面有丝丝的白色纤维，很像棉花的纤维，正是这些纤维让芽麦塌饼嚼起来比较筋道。“芽麦塌饼”是当地农家招待客人、馈赠亲友的美食。

相比南方的各种“菜团子”，北方可以说更多的是面食类的时节美食。在山东，青岛人会在清明节吃鸡蛋饼卷大葱，潍坊人则几乎家家都吃饼卷蛋——将煮好的鸡蛋剥壳，卷到饼里，撒上芝麻盐，或者卷上香椿芽、咸菜，吃起来满齿香。这种饼卷蛋在潍坊也叫邋遢饼，或拉沓饼、醭（bú）饼。所谓的邋遢，是因为饼做成上下两层，中间裹着一层面粉，咬上一口，面粉会飞溅到脸上、衣服上，把吃饼的人弄得一身“邋遢”。

在山西，清明节的食物可以说是十里不同俗。河东地区（如今运城、临汾一带）清明节食物主要是凉粉、馕皮、凉糕等冷食。山西闻喜等地上坟时，要用枣糕在坟上滚来滚去，据说是为死去的祖先挠痒痒。晋中介休等地上坟时祭供一种盘蛇状的面饼，称“蛇盘盘”，老人们认为把祭供过的面饼拿回去晒干后吃，可以治病。晋南地区清明节期间要蒸大馍，馍中夹着核桃、红枣、豆子等物，称为“子福”，意为子孙多福全凭祖宗保佑。晋北地区，人们则用玉米面包黑豆芽馅食用。晋东南地区的人们上坟时会准备两种食品祭供，一种是用面糊、绿豆芽、红萝卜、青菜做成不放盐的“子孙汤”，还有一种带红豆馅的饼俗称“小饦”，祭奠后每人喝一口“子孙汤”，老人说可以治肚疼。

很多北方人还会在清明节早上吃鸡蛋，寓意“聪明伶俐”。小朋友还会带着煮好的鸡蛋和同学们顶蛋，比一比谁的蛋更硬。顶破的，就可以吃了，顶不破的，可以骄傲好几天。

“清明螺，抵只鹅”。对于江南人来说，清明期间的螺蛳最为肥美，用葱、姜、酱油爆炒一下，便是人间美味。江南人吃螺蛳，会先把尾巴剪去，吃的时候，对着螺口猛力一吸，富有韧性的鲜美螺蛳肉，便就着热乎乎的汤水一股脑吸入口中。

苏轼《惠崇春江晚景》诗云：“蒌蒿满地芦芽短，正是河豚欲上时。”清明节是河豚上市的季节。有句话讲：“吃了河豚百味不鲜”。这种“致命”美味令无数食客着迷。河豚丰腴肥美，鲜嫩可口，但是有毒，必须经过熟练的厨师合理处置后，方可安全食用。

花信

二十四番花信风中说，清明一候桐花，二候麦花，三候柳花。桐花指的是白桐花，桐树高大，花开时连接碧天，花落时大朵大朵地，为晚春盛景。麦子开的是小白花。范成大《初夏》诗云：“永日屋头槐影暗，微风扇里麦花香。”杜甫《为农》诗云：“圆荷浮小叶，细麦落轻花。”柳花呈鹅黄色，在春天漫天飞舞，“春城无处不飞花”说的就是柳花。

桃花

依照今日江南的气候，清明时节正是桃花盛开的季节。西湖白堤的桃花瓣影红绡，色态嫣然，临花照水，勾勒出江南早春浅淡妩媚的画卷。

清明时节，在茶席上插一枝雪柳，在瓷盘中盛上清水，撒上几朵桃花瓣，以应季春时节“花自飘零”“点染春水”的惜春意境。

茶事

对于茶人来讲，清明是一个重要的时间节点。在江南，无论是西湖龙井，还是洞庭碧螺春，清明前夕已经进入忙碌的采茶季。明前茶，是清明节前采摘的茶，被爱茶的人视为最上品。

江南爱茶人眼中的春天，是从端起一杯茶香四溢的西湖龙井打开的。此时尽管头采的西湖龙井还未褪火，人们已经迫不及待地品饮这第一口龙

西湖龙井

井茶汤饱含的春日气息。相对于雨前茶，明前茶更加鲜爽，有幽幽的兰花香上扬。

灵犀香

材料：公丁香八钱，藿香一两半，甘松三钱，零陵香一两半

制法：以炼蜜调和成丸或做成线香。

香事

清明节的踏青习俗，与古时三月初三上巳节有着很深的传续渊源。上巳节是古代男女互赠芍药表达爱意的日子。因此可自制一款《香典》中的“灵犀香”，来应和这个寓意美好爱情的节日。灵犀，有“心有灵犀”之美意，香气温和甘润，带有浅浅草药香，有理气开郁、醒神开窍、温肾助阳、祛风散寒的作用，非常适合于春日里点上一炷，熏陶身心，度过美好春光。

清明节最理想的养生境界，便是达到身体环境的“清明”。清明是木气最旺的季节，肝火容易旺盛，可以多吃菠菜、荠菜、芹菜、绿豆、枸杞等食物清肝明目，平日也可用玫瑰花、菊花、枸杞等一起泡茶喝，疏肝理气。

这个季节，可以多与草木接触，达到与自然状态同气相求的目的。

PART 06
谷雨

谷雨时节，雨生百谷。

落红化泥，绿林成荫，雨水渐多。

开到荼靡花事了，已是绿肥红瘦。

⨯ 浙西大峡谷　摄影：周琳

谷雨是春天最后一个节气，此时太阳到达黄经30°，在公历的4月19日到21日之间。《岁时百问》解释，谷雨即“雨生百谷”。这个时节气候湿暖，细雨蒙蒙，百花齐放，百鸟争鸣，最繁华的春日盛景至此呈现。

《群芳谱》中说：“谷，得雨而生也。”谷雨时节正是最繁忙的农耕时节，江南秧苗初插，华北平原点豆种瓜。范成大的《蝶恋花》中描述：“江国多寒农事晚，村北村南，谷雨才耕遍。”

《月令七十二候集解》中说谷雨三候，一候萍始生，二候鸣鸠拂其羽，三候戴胜降于桑。一候萍始生，谷雨之日，浮萍开始生长。浮萍不能经霜，意味着倒春寒一类的降温天气不会再发生了。唐代崔护的《三月五日陪裴大夫泛长沙东湖》诗云：“鸟弄桐花日，鱼翻谷雨萍”，形容得极为鲜活。二候鸣鸠拂其羽，鸠即布谷鸟，还有杜鹃、子规等名字。鸣鸠预示着春将结束，此时田野里处处回荡“种谷”的呼唤。民间传说中，古蜀国有一位国王，叫望帝，死后化为子规，也就是布谷鸟。每到春天，子规就会飞来提醒农人：“不如归去，不如归去”，“快快布谷，快快布谷”。一直啼叫到口中渗血，染红了大地，被花草吸收，变成漫山遍野的火红杜鹃。传说很美好也很浪漫，但当不得真，倒是李商隐的《锦瑟》诗云：“庄生晓梦迷蝴蝶，望帝春心托杜鹃”，至今因浪漫的色彩而脍炙人口。三候戴胜降于桑，“戴胜”又称鸡冠鸟，谷雨五日后落于桑树，预示蚕将生。

人间谷雨

谷雨除了与农耕活动紧密相连，也被中国人赋予人文色彩，创造出了

“谷雨节”。这个节日的起源与仓颉造字传说有关。当年仓颉造字功成后，不求上天的奖励，只求上天为百姓下一场谷雨，使得地上谷粒积了一尺厚，铺满了原野山川，百姓得以吃上饱饭。仓颉死后，人们便在每年下谷雨那天祭祀仓颉，即为谷雨节。每年谷雨节，陕西白水县的仓颉庙还会举行传统庙会。从仓颉造字到天降谷雨，体现的是先民对文字文化起源的敬畏，和对五谷丰登的感恩。

旧时女子有“走谷雨”的风俗。谷雨这天，女人会走村串亲，有的到野外走一圈，寓意与自然相融合，强身健体。

“谷雨前，好种棉。”农人会在谷雨前开始播种棉花。

对于养蚕人来说，谷雨节气是一个讯号。“谷雨亲蚕近”。从这个节气开始，养蚕人要开始采桑育蚕。清人纳兰常安在《宦游笔记》中记载，浙江省各县都养蚕，谷雨一过，家家为养蚕而忙。为了防止惊吓蚕子，各村各户将大门紧锁，官吏催科狱讼之事停止，亲友不相往来，做生意的也全部歇业。从这段记述可以看出，中国养蚕人对天地的敬畏之心，对养蚕环境的苛刻要求。中国是世界上最早栽桑养蚕的，纺出的中国丝绸也成为最柔软的牵系，连贯欧洲文明与亚洲文明，甚至非洲文明，古丝绸之路也被称为“流动的文化运河”。

“谷雨三月中，蛇蝎永不生。”谷雨后气温升高，病虫害进入高繁衍期，山东、陕西、山西一带的农人会张贴谷雨贴，去田间消灭害虫，驱凶纳吉。晋北地区还会在灶神位贴上“谷雨鸡”，再配以禁蝎咒语来加强效力。鸡为六畜之首，被先人看作是女娲造出的第一个物种，又被认为是通天通阳、生生不息的生命符号。

谷雨春海水暖，百鱼行至浅海地带，渔民迎来下海捕鱼的好日子。为了能够出海平安，满载而归，渔民们会在谷雨当日举行盛大的海祭仪式，

凉拌蕨菜

材料：蕨菜、蒜末、酱油、香油、盐、醋、白糖

做法：蕨菜去掉老根老茎，放入锅中烫熟，捞出，待放凉后切段，加入蒜末、酱油、香油、盐、醋、白糖拌匀即可。

以此来祭拜海神，保佑渔民出海打鱼平安。

食事

谷雨时节正值暮春，气温上扬，此时吃些略带苦味的蔬菜，能及时帮助身体清火排毒。菜薹、野荠菜、茼蒿、红芥蓝、野蕨菜等都是常见的苦味菜。

谷雨期间，蕨菜正鲜。蕨类植物在地球上已生活了数亿年，堪称植物化石。蕨菜在南北山林间皆有生长，也是百姓餐桌上的常见野菜，被中国人誉为“山菜之王”。蕨菜在各地也有不同的名字，广东叫龙头菜，华北叫龙爪菜，东北叫猫儿爪，浙江叫大叶浪衣。蕨菜有山林里特有的香气，菜茎鲜嫩滑爽，最好吃的部分就是顶端的嫩芽。《本草拾遗》中说，蕨菜可以“去暑热，利水道”，迎合了谷雨时节五脏六腑的需求。不过蕨菜有微毒，吃之前需用水浸泡两个小时以上。食用前用开水焯一下，可去除苦涩味。

谷雨时节雨水充沛，不少人会感觉体内湿热难耐，湿邪易伤脾，此时可以吃一些健脾利湿的食物，比如山药、芡实、莲子、白扁豆、茯苓、薏苡仁等，与大米一起煮粥，最为滋补脾胃。除此之外，还可以尝试将薏米和红豆熬成汤水饮用。

花信

谷雨时节百花争妍。二十四番花信风中谷雨一候是牡丹。牡丹盛放于谷雨，因此又被称为“谷雨花”。二候荼蘼。荼蘼于春季的末尾绽放，“开到荼蘼花事了”——荼蘼盛开，意味着春天的花期将尽。三候楝花，楝花是谷雨花信风之尾，楝花开尽，春天结束了。

在六朝以前没有“牡丹”一词，而是把牡丹和芍药统称为“芍药”。因为牡丹花为木本，所以牡丹又被称为“木芍药”。“自李唐来，世人甚爱牡丹”。大唐盛世的繁华富丽，令唐人甚是喜爱雍容秾艳的牡丹，把牡丹封为“花王”。李白《清平调（其一）》诗云：“云想衣裳花想容，春风拂槛露华浓。”王贞白《白牡丹》诗云：“谷雨洗纤素，裁为白牡丹。异香开玉合，轻粉泥银盘。”到了宋代，洛阳牡丹天下魁。欧阳修洋洋洒洒写下《洛阳牡丹记》记录了当年牡丹名品风华。如今河南洛阳还会在谷雨时节举行牡丹花会。旧时苏州人亦爱牡丹。谷雨时节，苏州城内外牡丹花开处，仕女赏花游玩，还会在傍晚搭设穹幕，挂上灯笼，宴饮行酒令。

谷雨时节，不妨买一束牡丹插瓶，置于客厅。那层层叠叠的花瓣，红的浓艳华美，白的疏淡明秀，美得堂堂皇皇。

✕ 花材：牡丹　花器：仿汝窑梅瓶　事花人、摄影：般若衿

茶事

“诗写梅花月，茶煎谷雨春。”在清明与谷雨之间采制的茶叫谷雨茶。在爱茶的人心中，明前茶与谷雨茶都是茶之精品。明前茶叶鲜嫩，雨前茶叶鲜浓，各有拥趸者。谷雨茶除嫩芽外，还伴有嫩叶，芽叶肥硕，色泽翠绿，内质丰富，滋味鲜活，香气怡人，成为文人雅士几案上的常客。

此时，可以选择一款顾渚紫笋新茶，尽情品味春茶的鲜润花香和鲜爽滋味，打开春天的嗅觉和味蕾。顾渚紫笋产自浙江湖州长兴。茶圣陆羽写下《茶经》的地方，便在顾渚紫笋的核心产区。依照陆羽论茶，以顾渚所产茶叶为第一，“紫者上，绿者次；笋者上，芽者次。”唐代的顾渚紫笋，依照唐人饮茶习惯，是以“煎茶”方式品饮的。如今的顾渚紫笋，依然以鲜爽甘润的花香令许多老茶客甘为其拥趸。

谷雨茶

香事

“一枝红艳露凝香”。谷雨，正是“谷雨花”牡丹盛放的时节。如有雅兴，可以牡丹与其他暮春花材为材料，制作一款香饼，将牡丹的香气留存，如宋人陈敬所著的《陈氏香谱》中记载的“玉华醒醉香”。可以将香饼置于枕畔，令自己枕着牡丹花香，沉入暮春芬芳的春华梦境。

玉华醒醉香

材料：牡丹蕊、酴醾花、米酒、龙脑

制法：“采牡丹蕊与酴醾花，清酒拌，浥润得所，风阴一宿，杵细，捻作饼子，阴干，龙脑为衣。置枕间，芬芳袭人，可以醒醉。”牡丹的花蕊与荼蘼花的花瓣上浇清酒，拌匀，晾一夜，让蕊与瓣充分吸收酒液，然后捣成花泥，按成小饼，阴干，外表涂一层龙脑粉。

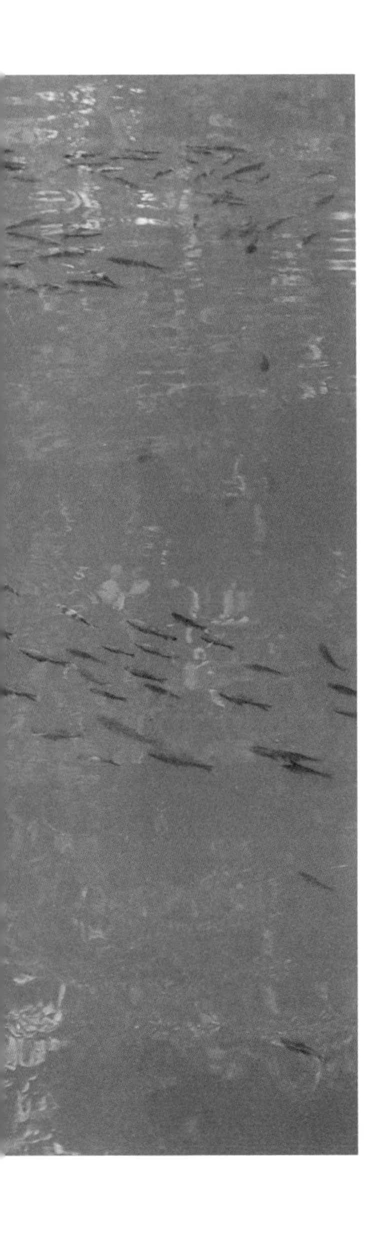

第三章

夏长

绿树阴浓夏日长。从立夏、小满、芒种，到夏至、小暑、大暑的六个节气，是中国太阳历中的“夏天”，也是自然界万物繁茂的时令。此时，天地之气相交，植物长势旺盛。听雨、赏荷、听蝉、熏香、艾灸、饮茶正当时。

PART 01
立夏

立夏，物至此时皆假大。

新麦熟，蚕豆香，青梅在手。

红了樱桃，绿了芭蕉，人间孟夏天。

樱桃

立夏，此时太阳到达黄经45° ，在每年公历的5月5日或6日。斗指东南，维为立夏。“立，建始也，夏，假也，物至此时皆假大也。”立夏为孟夏的开始，对应巳月，巳为火。如果说春天“天地和同，草木萌动”，那么夏天则是“天地始交，万物并秀”。古人认为夏季是天气与地气互动状态最好的时候。

天文上的入夏和气候上的入夏有一定时间差。我国幅员辽阔，南北地域跨度比较大，岭南和福建一带进入盛夏时，江南的气候处于初夏，而北方则还在暮春时节。

《月令七十二候集解》中记述立夏三候：一候蝼蝈鸣，二候蚯蚓出，三候王瓜生。一候蝼蝈鸣。蝼蝈是一种生于穴土中的小虫，喜欢夜间行动，也被称为土狗，一说就是如今俗称的地拉蛄，五月初羽化成虫，开始啃食作物幼苗。立夏感应阳气，蝼蛄开始鸣叫。二候蚯蚓出。蚯蚓感应到阳气从地里钻出来。三候王瓜生。王瓜是华北特产的药用爬藤植物，古人认为这是至阳之物，在立夏时节快速攀爬生长。

人间立夏

立夏在中国人心中不仅仅是一个节气，也是一个节日，被称为“立夏节”。周朝时，立夏这一天，帝王会亲率文武百官到郊外“迎夏”，来祭祀赤帝祝融。夏对应的是五色中的朱红色，所以此时君臣一律穿朱色衣服，配朱色玉佩，乘朱红色马匹，插朱红色旗帜。帝王会命令司徒等官员到各地勉励农人抓紧耕作。但“迎夏”的习俗，并没有像“迎春”一样流传下来，明清之后就难见“迎夏”习俗了。

如今一些地区，人们会用五色丝线于立夏日系在孩童的手腕等处，寓意消灾祈福，不得疰夏病。疰夏，是指腹胀厌食、身倦肢软、消瘦乏力等苦夏症状，儿童更为多见。这种绕手腕的丝线被称为“疰夏绳”，亦称“长命缕”。

在南方，立夏之日还有“称人”的习俗，据说起源于三国时期。吃完立夏饭后，人们在村口或者台门里横梁上挂一杆大秤，大人双手拉住秤钩、两足悬空称体重；孩童坐在箩筐内或四脚朝天的凳子上，吊在秤钩上称体重。若体重增，称“发福”；体重减，谓“消肉”。司秤人一面打秤花，一面讲些吉利话。比如，称小孩儿会说：“秤花一打二十三，小官人长大会出山……”称未婚女子说：“一百零五斤，员外人家找上门……”称老人要说：“秤花八十七，活到九十一……”和我们现代人崇尚健康身材的审美不同，古代平民更渴望无病无灾安然度夏，不会因为“疰夏”而消瘦。

立夏日还有忌坐门槛之说。20世纪30年代《宁国县志》中记载：“俗传立夏坐门坎，则一年精神不振。”

食事

立夏时，夏收作物的收成基本确定了，大地为人们奉献出鲜果和菜蔬。于是人们会在立夏日尝三样时鲜，谓之“尝三新”，还会设酒馔，供神灵和祖先享用。因为各地风物不同，各地的“三新”品类也不尽相同，但大抵都是当地最符合时令的食材。苏州一带的“立夏见三新”，是指樱桃、青梅和麦子。还有以食材的生长环境来划分的，如蚕豆、苋菜、黄瓜为“地三鲜”，樱桃、枇杷、杏子为“树三鲜”，海蛳、河豚、黄鱼为“水三鲜”等。

杭州人在立夏要准备十二种食物 :“夏饼江鱼乌饭糕，酸梅蚕豆与樱桃，腊肉烧鹅咸鸭蛋，螺蛳苋莱酒酿糟。”更讲究一点的杭州人要吃“三烧、五腊、九时新”。其中，“三烧”指烧饼、烧鹅、烧酒（甜酒酿）;“五腊”是黄鱼、腊肉、咸蛋、海蛳、清明狗 ;“九时新”为樱桃、梅子、鲥鱼、蚕豆、苋菜、黄豆笋、玫瑰花、乌饭糕、莴苣笋。“尝三新”，有告慰神灵和祖先，蔬菜和粮食丰收的意思。

“流光容易把人抛，红了樱桃，绿了芭蕉。”立夏时节，樱桃熟透，被列为“三新”之一。中国本土的樱桃比后来引进的车厘子更小，像红色的璎珠，肉更嫩，皮更薄，饱满鲜润，酸甜可口。齐白石老先生曾在画着一

⤫ 青梅

碗樱桃的画上题诗：“若教点上佳人口，言事言情总断魂。”

青梅也常被列为“三新”之一。立夏时节，青梅翠生生地缀满枝头。青梅味酸，中国人却能将其做成各种美食。青梅泡酒，半年到一年后饮之，可消解夏季暑意，调理肠胃，还可做成乌梅、梅酱、脆梅、话梅等，消食解暑，别有风味。

另一种江南三新之一的麦仁。将麦穗放在手中揉搓一番，揉到麦仁外只剩下一层薄薄的麦皮为止，然后轻轻吹去麦皮，露出饱满的麦仁。放入嘴里一嚼，新鲜的麦仁带着浓甜的香味，让人回味悠长。或把将熟的麦穗在火上烤熟吃，来享受新麦的鲜美，标志着一岁五谷新味的开始。

“立夏哉，吃豆哉”。立夏前后，江南农家的房前屋后、田边沟畔，一垄垄的蚕豆成熟了。将剥好的豆粒洗净，在油中翻炒几下，就是一盘青翠爽嫩的好味。这个时节的蚕豆最是肥腴细腻，哪怕是水煮蚕豆也很鲜美。除此之外，蚕豆焖饭也是令人垂涎的美味。

“百里不同风，十里不同俗。”立夏时节，大地呈上丰富的果蔬谷物，中国各地便形成了各有风味的立夏饮食。在江南，人们会在立夏这一天用赤豆、黄豆、黑豆、青豆、绿豆等五色豆拌合白粳米煮成“五色饭”，是为“立夏饭”，清香诱人，营养均衡。杭州人还有立夏食“野夏饭”的习俗。小孩子们在这一天成群结队，去邻里各家乞取米、肉，去地里摘蚕豆、山里挖竹笋，然后在野地里用石头支起锅灶，将米、肉、笋和蚕豆一锅煮，称为“野夏饭”或“立夏饭”。这种风俗就是为了让小孩子好养活，避灾祸。在余杭等地，人们则会在立夏饭中加入乌树叶汁，将糯米浸入乌树叶内数小时后烧煮而成。浸过乌树叶的立夏饭乌黑油亮，甜甜糯糯，小孩子非常爱吃。同样是黑糯米饭，浙江新昌人则是把糯米和乌鱼混合煮成黑白相间的“花饭”。到宁波就演变成了咸肉倭豆饭。人们根据自己家乡的风物

立夏饭　摄影：欢欢

立夏饭

材料：豌豆、糯米、咸肉、春笋、香菇、料酒

做法：糯米洗过沥干，咸肉、春笋和香菇切丁；起油锅把咸肉丁煸炒出香味，倒入笋丁和香菇丁，放一点料酒，炒1分钟；再倒入豌豆和糯米一起炒，炒至米发干；放水至刚刚没过所有材料，煮开；倒入电饭锅中，按下煮饭键。等煮饭键跳起，再焖10分钟即可。

立夏饭里的咸肉要选带点肥肉的，这样饭才香润。整个过程就不需要再加盐了。如果不喜欢全糯米的，也可以一半糯米一半大米混合煮。

出产，创造出各有地方味道与风情的“立夏饭”。

在江浙、上海等地，立夏会吃“立夏蛋”，咸鸭蛋、鸡蛋、鹅蛋皆可。人们还会将一些鸡蛋、鸭蛋或鹅蛋煮熟后用冷水浸泡，再套入编织好的丝网袋，挂在孩子颈上，来防止儿童“疰夏”。而孩子们会更热衷于斗蛋游戏。

立夏日，江南一些地区还会吃“七家粥”。粥米不能用自家的，要汇集左邻右舍七家的米，再加上各式豆子和黄糖煮一大锅，一家人分着吃，以保佑一家人夏日百病不生，还可促进邻里和睦。

同“吃七家粥”意义相似，喝“七家茶”，也是江南部分地区的立夏习俗。在江苏苏州，人们讨到七家的茶叶，混合到一起，用前一年堆在门墙边的“撑门炭”来烹茶喝。传说喝一杯这样的“七家茶”，可保佑一家人安然过夏。在杭州，家家户户煮了新茶后，还会配上一些五颜六色的鲜果送给亲友邻居。茶杯里放两颗青果、橄榄或者金橘，寓意吉祥如意。

浙江的杭州、台州、衢州等地立夏要吃立夏饼。衢州、台州的立夏饼又叫“麦饼”，来表示“新麦已上市”。饼有咸甜两种，甜的是红糖馅的，咸的是以葱油、腌菜、猪肉做馅。杭州等地还会用乌叶树嫩叶揉搓后于清水中浸泡过滤，再和糯米粉蒸熟，做成“乌米糕”。做好的乌米糕呈紫乌色，清香扑鼻。在杭州塘栖一带，人们还会吃“立夏狗”。所谓立夏狗，是用米粉（塘栖叫茧圆）捏出的小狗，蒸熟了给小朋友吃。在南京，立夏的点心是“豌豆糕”。

有些地方还有“立夏羹”，虽然各地制作方法不同，但大多都离不开米粉和时令蔬菜，一般会用生米粉放在锅里和菜勾成糊，也有的地方是先将生米粉搓成珍珠颗粒，然后放在锅里和菜煮成粥。

湖南长沙人立夏日吃糯米粉拌鼠麴草做成的汤丸，也称为“立夏羹”。湖南耒阳的立夏羹里的食材则有大米、丸子、豆腐丝、肉丝和绿豌豆等，既有时新，又有当地风味。

湖北荆门地区会在立夏这一天“吃米茶”，把米放入锅中炒成金黄，再倒入烧开的水中，煮到米开花浮起来，放凉即可，吃起来清凉爽口、解渴消暑。

江西一些地方则会用米包裹豆芽、笋干、豌豆、腊肉、黑木耳、香菇、墨鱼等，做成“立夏果”。南昌人则会在每年立夏前后蒸上一碗粉蒸肉，老人家会用土豆或者芋头来打底，此为江西的代表菜肴之一。

浙江舟山、宁波、温州人会吃“脚骨笋”。脚骨笋一般是大拇指粗的乌笋或者野山笋，意为吃过可以腿脚健壮。宁波人还会吃软菜（君踏菜），传说吃后夏天不会生痱子，皮肤会像软菜一样光滑。嵊州人立夏日的餐桌美食有吃蛋拄心、笋拄腿、豌豆拄眼。“拄”意支撑，意在祈祝身体健康，顺利度过炎夏的愿望。

每逢立夏日，上海的乔家栅、王家沙等糕团食品店，一大早就有人来购买甜酒酿，来晚的人就只能空手而归了。上海郊县农民立夏日用麦粉和糖制成寸许长的条状食物，称“麦蚕”，人们吃了，谓可免“疰夏”。

福建闽南地区立夏吃虾面，即将海虾掺入面条中煮食，海虾熟后变红，为吉祥之色，而虾与夏谐音，以此为对夏季之祝愿。闽东地区立夏以吃“光饼”（面粉加少许食盐烘制而成）为主。闽东周宁、福安等地将光饼入水浸泡后制成菜肴，蕉城、福鼎等地则将光饼剖成两半，夹着炒熟了的豆芽、韭菜、肉、糟菜等吃。

不同地方的立夏饮食，无不彰显立夏是一个盛大丰收的时节，人们用不同的时新风物和饮食文化，来祭奠神明与祖先，祈福夏日平安，歌颂带来丰美物产的美好夏季。

夏季，暑热逼人容易烦躁伤心，可以适当吃些莲子和莲子心。莲子心虽味苦，但可以清心火，是养心安神的佳品，亦可壮肠胃。此外，大枣、桂圆、酸枣仁、浮小麦等也是安神助眠的好食材。

立夏节气，湿火夹杂，人们时常表现为倦怠无力，对抗湿邪也是养生重点。此时的饮食原则是增酸减苦，调养胃气。天气转热后，人体出汗多易丢失津液，需适当吃酸味食物，如番茄、柠檬、乌梅、葡萄等，酸味食物能敛汗、止泻、祛湿，可预防流汗过多而耗气伤阴，且能生津解渴、健胃消食。除了饮食增酸，还可吃些五指毛桃汤、茯苓、薏米、赤小豆、十谷米、小米、山药等，健运脾气，协助排湿。

花信

二十四番花信风至谷雨止，然而依照今日的物候，立夏亦是花木葱茏的季节。“水晶帘动微风起，满架蔷薇一院香。”此时的蔷薇花团簇于篱笆和墙头，摇曳生姿，微颤的花与叶在粉墙上投下的光影，恍如夏天来了。

立夏时节，芍药也开得正好。相比牡丹的热烈灼目，芍药别有安静自处的姿态。牡丹为木本，芍药为草本，牡丹为谷雨季开花，芍药花期则要晚一些。不妨将温婉怡人的芍药插于花瓶置于厅堂。

花材：芍药　花器：玻璃花觚　事花人、摄影：殷若衿

碧螺春

茶事

立夏时节，西湖龙井、碧螺春等春天的新茶已经放置了一个月，褪去了炒青的燥气，温和了许多，体热怕上火的爱茶人可以放心啜饮了。

碧螺春产自苏州太湖之滨的洞庭山，茶田常与梅树、枇杷间种。碧螺春茶几乎全部用嫩芽制成，冲泡后银毫翻滚如雪，茶味呈现出特别的甜粟米香和花香。

清远香

材料：零陵香、藿香、甘松、茴香、沉香、檀香、丁香

制法：将一众香料打为粉末，炼蜜丸如龙眼核大，加龙脑、麝香各少许尤妙，爇法如常。

香事

立夏时节，处于春夏之交，此时人体脾胃虚弱，天气逐渐炎热，可以点一款“清远香”来健脾胃、清心神。清远香记录于宋人陈敬《陈氏香谱》与明人周嘉胄《香乘》中。清远香的香气如其名，香远益清，闻之心神清爽怡然。其一众香材有开郁行脾、理气和胃、发表解暑的作用，非常适合于立夏时节熏燃。

PART 02

小满

小满，物致于此小得盈满。

榴花照眼明，枇杷半坡黄，罗扇送熏风。

晴日暖风生麦气，绿荫幽草胜花时。

宁波 · 余姚

小满，此时太阳到达黄经60° ，在公历5月20日到22日之间。《月令七十二候集解》说："四月中，小满者，物致于此小得盈满。"

小满，是最有哲学意蕴的节气名字。中国人一直认为，天地之间盛极必衰，满极必损，因此盛极之前的小满是最好的时刻。《易经·谦卦》说，"天道亏盈而益谦，地道变盈而流谦，鬼神害盈而福谦，人道恶盈而好谦"。传统儒家也讲究中庸之道，忌讳"太满""大满"，有"满招损、谦受益"，"物极必反"之说。

人生小满，足矣。

晴日暖风生麦气，绿荫幽草胜花时。小满是收获的前奏，也是炎热夏季正式开始的标志。"小满小满，麦粒渐满。"北方的小麦粒粒盈满，但尚未完全成熟。"小满大满江河满"。南方稻田里的水已满盈。

《月令七十二候集解》中说小满三候。一候苦菜秀。苦菜是一种野菜，又叫荼，也有的地方叫苦苣。二候靡草死。靡草，按东汉郑玄的解释是荠、葶苈之类枝叶细的草。葶苈三月开小黄花，四月结子，因至阴之所生，到了入夏不胜阳气，便枯死了。三候麦秋至。原已盈满的麦子经过十来天，到第三候便已成熟，可以收割打场了。此处的"秋"，指的是"庄稼熟了"。"麦秋至"，就是指麦子收割完毕。

人间小满

江南一带有"小满动三车"的说法。这里的三车指的是水车、油车和丝车。小满正是江南早稻追肥、中稻插秧的关键时期。乡间老族长敲一声锣，体力健壮的男子便一边喊着整齐嘹亮的号子，一边踩动水车，车轮轱辘辘飞快地转起来，翻动着水花，把水灌溉到田间。

同时，小满也是油菜籽成熟的时节。人们将油菜籽收割回来，送至油坊，启动油车榨油，是为“动油车”。

“动丝车”，则是指蚕在小满前后开始结茧，“蚕过小满则无丝”。蚕家从谷雨开始亲蚕事，到小满时则忙着摇动丝车缫丝。

因此，养蚕人把小满节气看作是蚕神的诞辰。蚕被先民视作“天物”，娇生惯养得很，对环境要求很苛刻。蚕妇会在小满祭蚕神，以祈求有个好收成。蚕神，多被认为是嫘祖。传说中嫘祖是西陵帝的女儿、黄帝的妻子，是发明中国养蚕缫丝技术的始祖。在祭蚕神时，蚕妇会用面粉做成茧的样子，摆在用稻草扎成的小山丘上，祷祝“蚕食如风如雨，成茧乃如岳如山”。

祭车神，也是一些农村地区古老的小满习俗。先民笃信万物有灵，水车亦然。传说中的水车神为一条白龙。祭车神时，农家会在水车上放上鱼肉、香烛和一杯水等祭品。祭拜时，农人会把这杯水泼进田里，祷祝水源涌旺，表达了农人对车神护佑的感恩。

中原一些地区还有小满赶集的传统，被称为“小满会”。对大人来说，小满像是麦收之前的一次战前总动员，打打牙祭，集市上有农具、种子、牲口和消夏用品。对小孩子来说，集市上有各种新奇玩具，和火烧、花米团、胡辣汤、糖葫芦等小吃，有时还能看大戏。

× 凉拌苦苣

凉拌苦苣

材料：苦苣菜、酱油、醋、白糖、香油

做法：苦菜去根洗净切段；取小碗倒入一汤匙白糖，半汤匙酱油，一汤匙醋，调进适量香油，搅匀，把调料汁浇到苦菜段上即可。

食事

“小满枇杷半坡黄”。苏州东山、西山的枇杷都如冰糖一样甜美，东山枇杷大多是白沙种，果肉是乳白或米黄色；西山的枇杷老品种是荸荠种，如今种得不多了，多为青种。枇杷是润肺止咳的佳果。

小满宜吃苦味蔬菜。《诗经》中有诗曰：“采苦采苦，首阳之下。”苦菜是中国人最早食用的野菜之一。苦菜在全国各地都有生长，陕西人叫“苦麻菜”，东北人叫“苣荬菜”，李时珍称它为“天香草”。苦菜的味道略苦涩，细品亦有“其甘如荠”的甘味，新鲜爽口，清凉嫩香。苦菜有清热解毒、消炎抗菌的功效，旧时的中国人吃苦菜是为了充饥，而现代中国人在小满时节吃些苦菜，不仅为了尝时鲜、也为了祛暑除烦、清泻心火、凉血解毒。

除了苦菜，苦瓜、穿心莲等苦涩味蔬菜，也适宜在小满时节食用。

小满过后，“暑多挟湿”，湿邪往往已潜伏于体内。脾主运湿，脾胃功能好，就能把多余的湿气运化出去。所以，这个时节可多吃清热利湿的食品，如赤小豆、薏苡仁、绿豆、冬瓜、黄瓜、荸荠、山药等食物。

小满正值孟夏，应多注重养心，可多吃小麦、莲子、小米、山药、枸杞、红枣、龙眼肉、无花果、马蹄等健脾养心润肺的食物。

✕ 花材：石榴花　花器：黑陶罐　事花人、摄影：殷若衿

花信

小满时节，江南的榴花开了。“榴花开欲燃”。不妨摘一枝榴花插瓶，为居室增添一抹明媚的色彩。

茶事

小满夏日渐深，暑气渐盛，当是品饮新茶的最好时节，可冲泡一款褪了火气的黄山毛峰，一解暑热。黄山毛峰的产地多在云雾高山，有着高山绿茶特有的清幽润滑，入杯冲泡，雾气结顶，汤色清碧微黄，滋味醇甘，香气如兰，仿佛将我们带到云雾山林间。

黄山毛峰　摄影：马岭

香事

小满时节，夏意渐深。夏天在五行中对应心，可以在此时点一款“心清香”来清心安神。心清香记载于宋人陈敬《陈氏香谱》中，香气清凉清雅，做成香丸焚烧或者隔火熏，香气入鼻后有清心醒脑的功效，适合在夏季焚燃。

心清香

材料：沉香、檀香各一指大，母丁香一分，丁香皮三钱，樟脑一两，麝香少许，无缝炭四两

制法：一众香料打为粉末，拌匀，煮蜜去浮泡，和剂，瓷瓶贮窨。

小满时节高温多雨，容易让人感觉湿热难耐，却又无法通过水分蒸发来保持热量的平衡。中医把高温高湿称为“热邪”和“湿邪”，把人体阴阳气血、脏腑功能活动称为正气，当“邪气”盛于正气时，人就会患病。尤其是南方地区，夏季如长时间涉水淋雨、久卧湿地或居室潮湿，就容易引发身体的湿气。所以，小满时节养生要注意防“湿”，阴雨或雾天要少开窗户，避免湿气进入；艳阳高照时，要开窗通风。雨天要及时避雨。如果涉水淋雨，回家后应及时换上干衣，并饮服姜糖水。阴雨过后，要晾晒衣被，以驱潮防霉。

PART 03
芒种

芒种，梅子黄时雨。

兰汤沐浴，龙舟竞渡，蛙鸣庭草，田畦农忙。

一钩新月天如水，两点雨滴山如眉。

╳ 浙江·遂昌　摄影：周琳

芒种，在公历的6月6日前后，太阳抵达黄经75°的位置。由此开始的夏季，称为仲夏。芒种是干支历午月的起始。

“时雨及芒种，四野皆插秧。家家麦饭美，处处菱歌长。”陆游的《时雨》如是说。芒种，其字面意思是“有芒的麦子快收，有芒的稻子可种”。春争日，夏争时，“争时”即指这个时节的收种农忙。

江南“栽秧割麦两头忙”，北方“收麦种豆不让晌”。西北地区的陕西、甘肃、宁夏是“芒种忙忙种，夏至谷怀胎”。华南地区的广东是“芒种下种、大暑莳（莳指移栽植物）”。中南地区的江西是“芒种前三日秧不得，芒种后三日秧不出”。西南地区的贵州是“芒种不种，再种无用”。四川是“芒种前，忙种田，芒种后，忙种豆”。东南地区的福建是“芒种边，好种籼，芒种过，好种糯”，江苏是“芒种插得是个宝，夏至插得是根草”。山西是“芒种芒种，样样都种”，“芒种糜子急种谷”。从以上农事可以看出，到芒种节，中国各地农人开始了最忙碌的田间生活。

《月令七十二物候集解》中说芒种三候。一候螳螂生。螳螂在前一年深秋时产子于林间，古人认为螳螂餐风饮露，芒种时节感受到悄然而生的阴气，破壳而出。二候䴗（jú）始鸣。䴗即伯劳，“伯劳以五月鸣，其声䴗䴗然”，以声命名。枝头上的伯劳声声是别春之离愁，暗示酷暑已至。伯劳是一种留鸟，“劳燕分飞”，即是指作为留鸟的伯劳和作为候鸟的燕子相遇后，一个向东飞，一个向西飞，成为了中国人感怀离别的成语。三候反舌无声。“反舌”即百舌鸟，能够学其他鸟叫。春天时，百舌鸟鸣叫的声音像“春起也，春起也”，到了初夏，浪漫的中国人会觉得鸟鸣声变成了“春去也，春去也”。到仲夏反舌鸟感阳而发，就会停止鸣叫了。

人间芒种

到了芒种，中国的江淮地区先后进入梅雨季，连绵阴雨，潮湿闷热。“梅熟而雨曰梅雨。”此时，江南的梅子熟了，梅雨因此而得名。东汉《四民月令》便有“黄梅雨”的说法，因此“梅雨”一词已经有两千年历史了。从今天的气象学看，梅雨是冷暖气团之间相持不下的气候现象，受到长江流域低气压的影响，长江以南地域，包括东南沿海、海南、台湾，以及日本都会被覆盖在梅雨天气的雨云之下。

梅雨天气给诗人带来的是点点轻愁的诗意，宋代贺铸的《青玉案》云：“若问闲愁都几许，一川烟草，满城飞絮，梅子黄时雨。”宋代赵师秀的《约客》说：“黄梅时节家家雨，青草池塘处处蛙。有约不来过夜半，闲敲棋子落灯花。”

然而，梅雨天气给百姓带来的更多是烦恼，衣服、粮食、居室随着连绵雨季会出现不同程度的发霉情况，人们也便不客气地称其为“霉雨季”。

梅雨季一般持续一个月左右。清代顾铁卿《清嘉录》中记述了关于长三角地区梅雨不同的界定方法，一说芒种后，夏至前为梅雨；一说泛指农历四五月，或者特指农历五月的雨季；还有一种说法：“芒种后遇壬，为入霉”。对于农人来说，梅雨量的多少，几乎也决定了这一年稻谷收成的好坏。人们在历法中总结了预测梅雨季雨量的方法——《清嘉录》卷五“五月，黄梅天”中说：“而人即以入霉日数，度霉头之高下，如芒种一日遇壬，则霉高一尺，至第十日遇壬，则霉高一丈。”

阴雨连绵不绝，民间便有了“祈晴”活动。明代《帝京景物略》记述：“雨久，以白纸做妇人首，剪红绿纸衣之，以苕帚苗缚小帚，令携之，竿悬檐际，曰扫晴娘。”因为在日本负责求雨祈晴的是僧人，扫晴娘的习俗传到日本，便渐渐地演变成了晴天娃娃。

芒种是与农事关联密切的节气，因此格外受到农人的重视。皖南地区会在芒种举办安苗祭祀的仪式。家家户户用新麦面蒸发面食，把面捏成五谷六畜、瓜果蔬菜等形状，并用五色的蔬菜汁染上颜色，寓意五谷丰登，平安吉祥。

江南地区在芒种节气有“送花神”的习俗。芒种一过，百花凋零，人们便在这一天祭祀花神，饯送花神归位，同时表达对花神的感激之情，盼望来年再次相会。

《红楼梦》第二十七回“滴翠亭杨妃戏彩蝶，埋香冢飞燕泣残红”，描绘了芒种节气闺阁小姐们送花神的热闹景象：“至次日乃是四月二十六日，原来这日未时交芒种节。尚古风俗：凡交芒种节的这日，都要设摆各色礼物，祭饯花神，言芒种一过，便是夏日了，众花皆卸，花神退位，须要饯行。然闺中更兴这件风俗，所以大观园中之人都早起来了。那些女孩子们，或用花瓣柳枝编成轿马的，或用绫锦纱罗叠成干旄旌幢的，都用彩线系了。每一棵树，每一枝花上，都系了这些物事。满园里绣带飘飖，花枝招展，更兼这些人打扮得桃羞杏让，燕妒莺惭，一时也道不尽。”

中国古俗中，二月的花朝节迎花神仪式，多见著述中提及，描述得颇为盛大，然而芒种日的饯花神仪式，除了《红楼梦》中有出现，其他古籍少有记录。许是芒种日的饯花神如曹公描述，更多是“闺中风俗”，只算是贵族小姐间的雅事。芒种，忙种，此时百姓收麦子种稻子忙于农田，想必也无心去饯送花神了。

赤小豆薏米粥

材料：赤小豆、薏米

做法：将赤小豆和薏米用温水浸泡半日，放入锅中，加入水，大火至水烧开，再转小火慢煮即可。需要注意的是，这里的赤小豆不是红豆，赤小豆比红豆要小一些。在中医里，只有赤小豆才有除湿气的功用。如若喜欢，粥里也可以添加一些桂圆、枸杞来安养心神。

食事

梅雨季节给人以一种湿答答、黏腻腻的不适感，中医里有“风、寒、暑、湿、燥、火”六淫邪气，数湿邪最难对付。湿气侵入体内，容易让人肢体困重，懒散倦怠，应注意适度运动，以推动体内水的运行，抑制湿邪产生，还可食用一些利水化湿的食材，如薏米、赤小豆、扁豆、冬瓜等，不宜食用生冷、油腻的食物。

苦味的食物一般具有清热、解暑、燥湿的功效，所以芒种时节可以适当吃些苦味的食物，例如苦瓜、莲子、芥蓝、荞麦、生菜、苦菊等，正所谓“苦夏食苦夏不苦”。小孩子在夏季容易食欲不佳，又多汗，适当增加一些生津、敛汗的酸味食物，如乌梅、山楂、柠檬、葡萄、草莓、番茄之类的食物。

花信

芒种时节，百花虽已凋零，但江南依然有花可看。此时栀子等白色夏花渐渐登

× 花材：栀子　花器：黑乐烧茶碗　事花人、摄影：般若衿

场。郑逸梅先生在《花果小品》里封栀子为“夏花之最馥郁者”。汪曾祺在《人间草木》中形容栀子的香气更霸气：“栀子花粗粗大大，又香得掸都掸不开。”芒种日采一朵栀子花，插在乐烧茶碗里，洁白的花瓣边缘泛着一丝嫩绿，仲夏夜里，满室充盈着掸都掸不开的清香。

茶事

芒种时节，可以喝上一杯太平猴魁，来感受大叶茶的稠滑内质和兰花香气。太平猴魁原生的大叶土种茶树，与江浙一带小叶群体种茶树相比，富含更多果胶质和丰富内质，令茶汤呈现稠度、润滑度与张力。一杯太平猴魁申时茶，可令我们涤烦清心，在梅雨季节保持神清气和。

太平猴魁　摄影：马岭

驱蚊香包

香事

对于玩香的人来说，梅雨季节的潮湿空气可以去除香气中的烟焦味道，令香气韵味更柔和，品级好的香前调、中调和后调，层次会更鲜明。沉香或者檀香珠串、摆件也会在梅雨季节散发淡淡的幽香。

许多药草，如艾草、菖蒲、白芷、苍术，都有祛湿除霉的功用，可以选择以上药草合为香丸爇香。农历五月为“百毒之月”，蚊虫大量滋生，此时可以点艾草来避疫。

驱蚊香

儿童驱蚊配方

材料：艾叶、紫苏、丁香、藿香、薄荷、陈皮各5克

成人驱蚊配方

材料：金银花、艾叶、紫苏、丁香、藿香、薄荷、陈皮各8克

梅雨季天热易出汗，衣服要勤洗勤换，若“汗出见湿”，容易积累湿气。不要因贪图凉快而迎风或露天睡卧，也不要大汗而光膀吹风。

连绵雨日容易让人心情不佳，因此调节情绪，保持轻松愉快的心情很重要。起居方面，要顺应昼长夜短的季节特点，晚睡早起，注意防暑；中午最好能睡一个“子午觉”。

农历五月又被称为“百毒之月”，气温升高、空气潮湿、天气闷热，蚊虫大量滋生，容易传播疾病。要注意增强体质，避免疾病的发生。

PART 04
夏至

夏至，夜至短，昼至长。

塘头小荷翻，庭院有蝉鸣。

小扇、布帕携手游，细雨庭院嗅茶香。

× 木槿

夏至，二十四节气中的“两至”之一。太阳运行至黄经90°，在公历6月21日或22日。《月令七十二候集解》说，“五月中，夏，假也。至，极也，万物于此皆假大而至极也。”夏至是二十四节气中最早被确定的节气之一。

夏至为仲夏时节，午月，北斗指向午位，阳气盛极将衰。此时太阳直射地面的位置到达最北端——北回归线附近。这一天的正午，在北回归线上会出现“立杆无影”的现象。对于北半球的人来说，这一天的白昼是一年中最长的，北极圈也会出现极昼现象，酷暑拉开帷幕。

无论东方文明还是西方文明，夏至都是最早被确定的时间节点。大概在公元前7世纪，中国先民用圭表测日影的方法确定了夏至和冬至。人们很早便测算出了夏至的时间点，但“夏至”这两个字的正式出现，如今最早可查的古籍是西汉时期的《淮南子》。

《月令七十二物候集解》中说，夏至三候，一候鹿角解，二候蜩始鸣，三候半夏生。一候鹿角解。鹿与麋属同科，只不过鹿是山兽，角向前生长，而麋是泽兽，角向后生长，所以古人认为鹿属阳而麋属阴。夏至阴气渐长，阳气始衰。所以象征着阳的鹿角上的粗糙表皮开始脱落，而麋角的脱落则要等到冬至。二候蜩始鸣。蜩为夏蝉，俗称“知了”。雄性的知了在夏至后感阴气之生便鼓翼而鸣。三候半夏生。半夏是一种喜阴的药草，生在仲夏的沼泽地或者水田，因为在夏天过半的时候才会出现，所以叫作“半夏”。生于阴阳半开半阖之时的半夏，治的也是半开半阖之病。

唐代小说家段成式在《酉阳杂俎》中说猫：“其鼻端常冷，唯夏至一日暖。”就连常年冷冰冰的猫鼻子，到了夏至这一天，都会短暂地暖和起来，养猫的朋友夏至那天可以试试，古书是否诚不我欺。

人间夏至

夏至在古时不仅是节气，也是节日。在端午节、中秋节、重阳节这些节日还没有出现前，夏至节便已经被纳入了周朝的祭神礼典中。《周礼·春官》“以冬日至，致天神人鬼。以夏日至，致地示物魈。”在中国传统观念里，天代表阳，地代表阴。冬至过后，阴气盛极而衰，阳气生长，所以天子要在南郊圜丘祭天来扶助阳气；而夏至过后阴气生长，则要在北郊方泽祀地以助阴气。直到清代，皇家还保持着夏至日在地坛祭地的大典。

明清时，农人在夏至这一天会“祭田公、祭田婆”。清人秦嘉谟《月令粹编》卷七引《东阳县志》：“夏至，凡治田者不论多少，必具酒肉祭土谷之神，束草立标，插诸田间，就而祭之，为‘祭田婆’。”这便是祭祀土地神以求丰收。有的地方举行隆重的“过夏麦”祭祀活动，就是古代“夏祭”活动的遗存。新麦下来之后，百姓用“过夏麦”来祭土谷之神。祭神之后，人们还要回家祭祖。从地里折上一枝新长的稻穗，回家放到祖先的牌位面前，告慰祖先今年获得丰收。

民间传说，织女星旁边有一颗小星星，叫作“始影”，女子在夏至这一天的夜里等始影星出来，朝它祭拜，可使容颜秀丽。辽代《辽史》礼制记载：“夏至之日谓之朝节，妇女进彩扇，以粉脂囊相赠送。”扇子是清凉伴，香囊是伴衣香，这些物品都可以在夏至从柜子里取出来了。

和冬九九相对，夏至开始，中国人也以数九的方式计算一年中最炎热的日子。从夏至起，每九天为一个节点，一共九九八十一天。而三九、四九是全年最炎热的季节。

夏至入头九，羽扇握在手。

二九一十八，脱冠着罗纱。

三九二十七，出门汗欲滴。

四九三十六，卷席露天宿。

五九四十五，炎秋似老虎。

六九五十四，乘凉进庙祠。

七九六十三，床头摸被单。

八九七十二，子夜寻棉被。

九九八十一，开柜拿棉衣。

——《数九歌》

关于最炎热的日子，中国人还有“三伏天”的说法。在敦煌出土的汉简中有多篇当时的历谱，均记录了三伏的日期，汉魏时期《阴阳书》中，统一归整为夏至后的第三个庚日为初伏（一般会落在小暑第二候），第四个庚日为中伏，立秋之后的第一个庚日为后伏，统称为三伏。其中头伏十天，后伏十天，中伏的时间长短并不固定，有的年份长一些，有的年份短一些。伏，有潜伏的意思，在中医学里，伏，即伏邪，是“六邪”（风、寒、暑、湿、燥、火）中的暑邪。

“东边日出西边雨，道是无晴却有晴”，唐代诗人刘禹锡的诗形容夏至时节的雨最贴切。夏至以后，地面受热强烈，空气对流旺盛，午后至傍晚常易形成雷阵雨。这种热雷雨骤来疾去。对于农人来说，夏至的降水很珍贵。“夏至雨点值千金”。北方有夏至祈雨的习俗。

此时，田间的杂草和庄稼长得一样快，与农作物争夺肥料养分，因此夏至的农活中，除草也是重要一环。“夏至不锄跟边草，如同养下毒蛇咬。”

在古代还有夏至淘井换水的习俗，这与古代改火的习俗有着同样的性质。人们认为夏至阴气上升，夏至以后的水是新水，用新水换掉旧水，有利于身体保健。在汉代月令简牍中，多见夏至换水的记载。

食事

中国幅员辽阔，南北东西形成了千差万别的夏至饮食习俗，对于北方人来说的“冬至饺子夏至面”，到了江南则变成了“夏至馄饨冬至团”，再往南的广东，则变成了“冬至馄饨夏至面”。

最古老的夏至节饮食，其实是黍——即我们如今熟悉的粽子的古老原型，《礼记·月令》：“仲夏之月……农乃登黍。是月也。天子乃以雏尝黍，羞以含桃，先荐寝庙。”古代天子在夏至专门尝黍，并用黍进行祭祖。南朝梁代宗懔的《荆楚岁时记》记录着“夏至节日食粽”，并未提到端午食粽的

馄饨

事。端午节吃粽子的习俗，是从汉魏以来慢慢把日期临近的夏至节吃粽子的习俗吸纳进自己麾下的结果。如今山西等地还有用黄黏黍包的粽子，大概是最接近古时角黍样貌的粽子了。夏至吃粽子的习俗在陕西等西北地区依然流行着，在江南的无锡则演变成夏至“早上食麦粽，中午食馄饨”。人们不仅食“麦粽”，而且将“麦粽”作为礼物，互相馈赠。

夏至的饮食习俗，许多是与夏至前后恰逢新麦成熟有关，多少有品尝时新的意味。山东福山等地夏至时会炒、煮新麦吃。山西俗话则叫吃“伏朴穗”。有的直接煮麦仁吃，有的磨成面、碾成片吃。

北京人夏至好吃爽口的炸酱面。潘荣陛《帝京岁时纪胜》中记载，夏至时京师家家吃冷淘面，即“过水面”“凉面”。山东各地在夏至的这一天里也要吃过水面，用麦秸编一个精致的小笊篱捞面。对于小孩子来说，这已经不只是吃饭了，更是一种游戏。潍坊人家家都吃“汤”。这里所谓的“汤”，其实是麻汁凉面。麻汁凉面配料讲究，黄瓜丝、咸香椿末、咸胡萝卜丁、虾皮、咸韭菜段、淡盐水一样都不能

夏至麻汁凉面

材料：荞麦面条、黄瓜丝、香椿末、豆芽菜、胡萝卜、虾皮、蒜末、醋、麻酱

做法：将麻酱倒入碗中，加盐，分次倒入清水，调成麻酱汁；胡萝卜、黄瓜切成丝，豆芽焯水，蒜剁成碎末；水烧开后加入面条，煮两沸后捞起，投入凉水中过凉，沥水，装入盛器，加上黄瓜丝、胡萝卜丝、豆芽，蒜末，浇上麻酱汁，拌匀后即可。

少。煮好的面条过凉开水，加上醋蒜、配料，浇上麻汁，拌好调匀，吃起来滋味足，酸辣爽口。

南方夏至日要吃馄饨，说是吃了馄饨，可保夏日不苦夏。馄饨，因其形“颇似天地混沌之象”，其音又与“混沌”谐音，所以民间还有夏至吃馄饨有助于孩子聪明的说法。

江苏一些地方在夏至日有吃豌豆或豌豆糕的习俗。苏州人在夏至日则有吃粥的习俗。光绪年间的《常昭合志稿》记载：“夏至，以新小麦合糖及苡仁、芡实、莲心、红枣煮粥食之，名曰夏至粥。”宣统年的《太仓州志》记载：“夏至日食夏至粥，以小麦、蚕豆、赤豆、红枣和米煮粥，互相馈遗。”如今看来，这几样食材既有尝新麦的意思，又有梅雨季除湿和夏季养心的功效，是与时令非常相宜的。赤豆糖粥至今仍是苏州的名小吃。

湖南长沙人在夏至日要吃糯米粉拌鼠曲草做成的汤丸，名“夏至羹”。民谚云“吃了夏至羹，麻石踩成坑”。而衡阳、郴州、永州和湘西等地则吃夏至蛋。夏至日，将鸡蛋煮熟，剥壳后加红枣煮汤吃。

浙江绍兴还有一种夏至食物，叫醮坨，由米磨粉做成，加韭菜等佐料煮食，又名圆糊醮。以前，很多农户将醮坨用竹签穿好，插于水田的放水口，并燃香祭祀，以祈丰收。小孩子可不管这些，祭祀一结束，就满田埂地跑，取了醮坨，坐在田边儿饱食一顿。旧时，浙江绍兴人在夏至日都会祭祖，俗称“做夏至”，除常规供品外，会特加一盘蒲丝饼。

在广东，荔枝是夏至时鲜水果。“夏至荔熟，人争啖之。”“日啖荔枝三百颗，不辞长作岭南人。”剥开红色的果壳，白绡裹着水晶果肉绽破开来，咬一口，满嘴清甜。荔枝虽好吃，但多吃容易上火，倘若把荔枝去皮，浸入盐水中，放到冰柜里冰一下，不仅防止上火，还有醒脾消滞的功效。

夏至时节，南方的杨梅熟了。酸甜可口的杨梅，生津解渴，和胃消食。人们还会做杨梅酒，多做一些可以喝上大半年。

苋菜是南北常见的野菜，夏至时节茎叶最为肥嫩多汁。苋菜清鲜微酸，凉拌、煮汤，甚是开胃。

夏至后，气温逐渐升高，人体出汗量也会随之增加，可以多吃水分多的蔬菜水果，绿叶菜和瓜果类等水分多的蔬菜水果，如白菜、苦瓜、丝瓜、黄瓜等。还可喝些绿豆汤、淡盐水等来消解暑热。

花信

夏至时节，木槿花开了。《诗经·有女同车》云："有女同车，颜如舜华。"舜华就是木槿花。"中庭有槿花，荣落同一晨。"木槿是一种朝开暮落的花，会让人不由得感慨时光易逝，红颜易老。

花材：木槿　花器：琉璃花瓶　事花人、摄影：王小寞

荷花窨茶

荷花窨茶

材料：荷花花苞一枝，绿茶或白茶、纱布、线绳

做法：将茶叶用纱布包好，用线绳缠缚，放置在荷花花苞中，一夜后取出，用泉水冲饮，茶叶中有淡淡的荷花香韵。

莲花香

材料：莲花蕊、零陵香、甘松、藿香、檀香、丁香、茴香、白梅肉、龙脑

做法：莲花蕊一钱干研，零陵香半两，甘松四钱，藿香、檀香、丁香各三钱，茴香、白梅肉各一分，捻成末，入龙脑研匀，薄纸贴纱囊贮之。

茶事

沈复在《浮生六记》中记载："夏月荷花初开时，晚含而晓放，芸用小纱囊撮茶叶少许，置花心。明早取出，烹天泉水泡之，香韵尤绝。"我们也可以效仿芸娘做一款简单的荷花窨茶。

香事

喜欢玩香的朋友，可以依照宋人的方子，做一款莲花香。宋人陈敬《陈氏香谱》卷三里记载有"莲蕊衣香"配方。

夏日炎炎，人容易心烦意乱。“心静自然凉”。此时可以选择静坐，排除杂念，来调节心绪。或到大自然中去，步山径、抚松竹，还可以在环境清幽的室内读书习字、品茶吟诗、观景纳凉。

夏至，正是天地间阴阳转换的节点，此时阳气最旺，是借助旺盛的阳气扶阳驱寒的大好时机。“冬吃萝卜夏吃姜”。每天早上喝一点姜糖水，对于体寒的人祛寒除湿、暖胃暖宫很有裨益，也可以选择在这个时机用灸疗来祛除体内寒湿。

PART 05
小暑

小暑，疏忽温风至，因循小暑来。

断续蝉声传远树，对坐夏风啜瓜瓤。

偶闻雷鸣山前雨，坐卧竹席摇竹扇，心静自然凉。

苏州拙政园

“倏忽温风至，因循小暑来。”小暑，在7月7日或者8日，此时太阳到达黄经105°，是干支历未月的起始。《月令七十二候集解》中说：“暑，热也。就热之中，分为大小：月初为小，月中为大。今则热气犹小也。”

中国人认为夏至虽然是日照时间最长的一天，但太阳照射在土地上积蓄的热气潜伏在土地中，到了小暑及大暑才慢慢散发出来。

对于江南地区，小暑时节是“一出一入”——出梅与入伏。

《月令七十二候集解》中说小暑三候，一候温风至，二候蟋蟀居壁，三候鹰始击。一候温风至。这里的“至”不是“到”的意思，而是“极致”的含义。小暑时节，从南方吹来的热风达到极致，热浪滚滚，令人汗出不止。二候蟋蟀居壁。《豳风·七月》：“七月在野，八月在宇，九月在户，十月蟋蟀入我床下。”是说在小暑时由于天气炎热，蟋蟀离开田野，安家到人类庭院的墙角下避暑了。三候鹰始击。小暑第三候，小鹰开始学习飞翔和搏击。古人认为，小暑之时阴气起，鹰感觉到阴气而萌生杀心，开始学习捕猎的技巧。

人间小暑

小暑时节，江南稻米成熟，民间有“食新”的习俗。“食新”也叫“食辛”，即在小暑节后的第一个辛日，用新收割的稻谷煮饭，供奉给神明和祖先。

小暑时节的中期（夏至后的第三个庚日），中国便进入了三伏天中的“初伏”，一年中最酷热难耐的时节拉开了序幕。为了伏避盛暑，祈祭清爽，先民会举办盛大的祭祀仪式。伏日所祭祀的神明，一位是炎帝，另一位是祝融。炎帝是中国上古传说中的太阳神，祝融是火神。古人认为是炎帝让太阳发出光和热，令大地谷物生长，便在一年中最炎热的时候祭拜这位神明。

后世历代帝王在三伏天都有“歇暑”的习俗，类似我们现在的休假，搬去城郊山水秀美的行宫住一段日子避避暑。清代的皇家避暑园林，便是圆明园、颐和园和承德避暑山庄（热河行宫）。

冰，对于古人来说，是三伏天极为奢侈的消暑品，只有王公贵族才能得以享用。《周礼》中记载：“凌人掌冰，正岁十有二月，令斩冰。”说明周代王室就有掌管冰政的专职人员了。古时没有冰箱，人们就在冬天把冰凿成一尺见方的冰块，藏入两三丈深的地窖里，用泥巴和稻草把窖口覆盖住，再搭一个芦棚，来保护冰块不融化。到了次年夏天，人们便可取冰置于室内降温，并制作各种冰凉解暑的冷饮了。唐代时，皇宫会在三伏天按照官阶品级赐予官员冰镇食物，有“冰盘”“冰瓜”，富贵人家还会在伏日举行“冰宴”。

在明代，炎炎夏日，京城的街头就会出现敲冰盏叫卖冰块的小贩，敲盏声“清冷可听”。清代民间的三伏凉冰式样更丰富多彩。《清嘉录》记载了江浙一带的冰镇食品有“杂以杨梅、桃子、花红之属，俗呼冰杨梅、冰桃子。”《清稗类钞》则记载有北京人夏日用“冰果”宴客的风俗。冰果主要是鲜核桃、鲜藕、鲜菱、鲜莲子之类，杂置小冰块于其中，“其凉彻齿而沁心也”。

食事

因气候和出产不同，三伏天各地饮食风俗也五花八门。北京有句俗谚“头伏饺子二伏面，三伏烙饼摊鸡蛋”。到了杭州，则变成“头伏鸭，二伏鸡，三伏要吃金银蹄”。

中国部分地区，如江苏苏州的桃源、江西的景德镇，会在三伏天“晒伏酱”。晒伏酱，指的是一种黄豆经过发酵晾晒后制作的风味土酱的传统手工艺。中国人有用自家食材制作酱料和酱油的传统，这样制作出来的食物味道更加纯粹，是母亲和祖母的味道，也是家的味道。人们之所以选择在三伏天晒伏酱，是因为三伏天的热浪会使酱料发酵更加充分。整个工序会一直持续到出伏，也就是八月底左右。传统土酱特有的鲜美味道，是工业味精难以企及的，辨识度非常高，可惜现在只有乡间的老婆婆们还保有这些手艺了。

山东南部和江苏徐州等地区在三伏天有“吃伏羊”的习俗，取夏天吃热性食物来驱走内寒，扶阳补虚之意。山西人则会晒伏面、煮麦仁。

三伏天饮伏茶也是中国人的一大习俗。伏茶，顾名思义就是三伏天喝的茶，这种由金银花、夏枯草、甘草等十多味中草药煮成的茶水有清凉祛暑的作用。

三伏天时，人们还会晒伏姜。把生姜切片或者榨汁后，与红糖搅拌在一起，装入容器中蒙上纱布，于太阳下晾晒。

“小暑黄鳝赛人参”。在江南，黄鳝一年四季都有出产，但以小暑节气的黄鳝最为滋补肥嫩，肉质鲜美。黄鳝属于温补类食物，有补虚损的作用，仅苏州地区就有响油鳝糊、红烧鳝筒、炒鳝糊等菜品。

这个季节另一个挑动味蕾的甜蜜滋味，当属阳山的水蜜桃。白里透红

ㄨ 老北京酸梅汤

老北京酸梅汤

材料：山楂、乌梅、乌枣、甘草、陈皮、豆蔻、冰糖

做法：将一众素材按照适当比例放入砂锅中煮，水开后小火煮30分钟，关火待冷却，撒入桂花饮用。

的桃子，汁水四溢，甜似琼浆。

暑气在中医中被称为“六淫”之一。小暑时节防中暑非常重要。天气炎热，体内热量积蓄过多，会导致体内的水和盐大量排出，得不到及时补充便容易中暑，此时应多饮白开水或消暑饮品。

中国人从明清开始便盛行用乌梅与甘草、冰糖、山楂一起煮水来消暑解渴，这便是著名的消夏饮品——酸梅汤。仲夏季节最酣畅淋漓的事，莫过于喝一大杯冰凉镇齿的酸梅汤。

※ 茉莉花

花信

小暑时节，茉莉花开始吐露芬芳。“花开满园，香也香不过它”，倒是真没有夸口。茉莉的花香，古人赞誉“玫瑰之甜郁、梅花之馨香、兰花之幽远、玉兰之清雅，莫不兼而有之”。古代没有香水，女子们便把茉莉花插在头上，人过处，飘来甜馨清雅的芬芳，真是动人心魄。

茶事

小暑意味着进入一年中最酷热的日子，此时是人体排除寒气的最好时节，因此适宜喝红茶，可以选择正山小种、祁红、滇红等。红茶属于全发酵茶，性温，有散寒祛湿养胃的作用。

祁红产于安徽省祁门等地，史籍记载最早可追溯至唐朝陆羽的《茶经》。“祁红特绝群芳最，清誉高香不二门。”祁红的香气标识是特有的果糖香，汤色红艳明亮。

香事

小暑时节烈日炎炎，喜爱玩香的朋友可以尝试自己做一款避暑香珠。吴清在《廿四香笺》辑录了一个相对简易的避暑香珠方子。

避暑香珠

材料：白檀香20克、薄荷叶20克、玫瑰花粉20克、寒水石20克、香白芷10克、藿香叶10克、广木香10克、安息香30克、龙脑5克、印尼粘粉30-40克

做法：以上香药皆研磨为细粉末，用高品质的印尼粘粉为黏合剂，放入药臼中反复捣数百乃至上千下，然后用手搓成等量大小的珠子，竹签通眼后，以绳穿之至阴干透，便可串成香珠手串。亦可将香泥制成小扇坠子，或用模具制成各式香佩。

⤫ 祁门红茶

中国有句俗谚，叫“有钱难买六月泻”，此处的泻，是疏泄的意思，是指出汗。因此三伏天更要适当运动协助排汗，不要总是躲在空调屋中吹冷气。

三伏天天气酷热，人的体内却更为寒凉，容易在体内积累寒气，埋下隐患，因此不要贪凉，不要冲凉水澡，少进冷食。

中医认为，艾为纯阳之物，在阳气最旺盛之时施“三伏灸”，可将阳气作用于体内，通过经络的气血，最大程度地行气活血、祛寒逐湿，达到冬病夏治的效果。

同时，保持平心静气，使心情舒畅、气血和缓，符合“春夏养阳”的原则。所以，夏季养生以“心静”为宜，心静自然凉。

PART 06

大暑

大暑，眼前无长物，窗下有清风。

散热由心静，凉生为室空。

小楫轻舟，梦入芙蓉浦。

帘外蝉声切切，帘内清茶氤氲，

燎沉香，消溽暑，轻罗裁剪做霓裳。

✕ 杭州九溪十八涧

大暑，夏天的最后一个节气，在公历7月22日至24日之间，太阳到达黄经120°。《月令七十二候集解》：“六月中……暑，热也，就热之中分为大小，月初为小，月中为大，今则热气犹大也。”热在三伏，大暑一般则处在三伏里的中伏阶段。

中国大部分省份的极端高温天气都出现在7月下旬到8月上旬，与大暑的时间基本吻合，大暑确是一年中最炎热的时节。

《月令七十二物候集解》中说大暑三候，一候腐草为萤，二候土润溽（rú）暑，三候大雨时行。一候腐草为萤。陆生的萤火虫产卵于枯草上，大暑的头五天，萤火虫卵化而出，所以古人认为萤火虫是腐草变成的。大暑正是一年中观赏萤火虫最好的时候。二候土润溽暑。大暑节气的第二个五天，土地潮湿，地气蒸腾，湿热难耐。三候大雨时行。大暑节气的最后五天，雷雨时常滂沱而下，天气开始向立秋过渡。

白居易《何处堪避暑》诗云：“何处堪避暑？林间背日楼。何处好追凉？池上随风舟。”又有《消暑诗》云：“何以消烦暑，端坐一院中。眼前无长物，窗下有清风。散热由心静，凉生为室空。”无论放逐山林溪水间，还是端坐一院中，唯求心的洒脱寂静。

人间大暑

浙江沿海一带有“大暑船”的习俗。天气炎热难耐，人们便希望“将酷暑送走”。大暑船是依照旧时的三桅帆船缩小比例建造的。人们把祭品装满船舱，由五十多个渔夫轮流抬着“大暑船”在街道上行走，队伍鼓号喧天，鞭炮齐鸣。随之，大暑船被送到码头，人们在这里进行祭拜祈福仪式，最后，大暑船被渔船拉出渔港，在大海上点燃，任其飘荡沉浮，人们以此祈得夏凉，赶走瘟疫，五谷丰登，生活安康。

食事

大暑时节的民间饮食习俗，依据不同地方的气候来看有两种：一种是吃凉性食物消暑，另一种是吃热性食物祛除体内寒气。

广东和台湾在大暑时节有吃“仙草”的习俗。仙草是一种植物，之所以被称为仙草，是因为其显著的消暑功效。其茎叶晒干后可以做成凉粉状消暑甜品，广东一带叫凉粉，台湾一带叫“烧仙草”。民间说“六月大暑吃仙草，活如神仙不会老”。

福建莆田人在大暑时节有吃荔枝、羊肉和米糟的习俗，叫作“过大暑”。人们会提早将鲜荔枝浸于凉凉的井水中，等到大暑这一天取出品尝，清凉解暑，温润滋补。温汤羊肉则是莆田独特的风味美食。把羊屠宰后去毛和内脏，整只放进滚汤的锅里翻烫，捞起后放入大陶缸中，再把锅内的滚汤倒入其中，泡浸一定时间后，把羊肉捞出切成肉片，嫩鲜可口。米糟则与江南酒酿相似，将糯米饭和白米曲搅拌发酵，透熟成糟，到大暑那天划成小块，加些红糖煮食，可以“大补元气”。在莆田，大暑这一天，亲友之间常以荔枝、羊肉作为礼品互赠。

山东南部会在大暑这一天“喝暑羊”（即喝羊肉汤）。中医里说，夏天天气炎热，人的体内却是寒凉的，在大暑天喝羊汤，喝完大汗淋漓，可以帮助祛除冬天积攒在体内的寒气。

俗语说“冬吃萝卜夏吃姜”。吃姜也有助于驱除体内寒气。在浙江沿海等地便有在大暑日吃姜汁调蛋的习俗。

夏夜里，伴着蝉鸣，边摇蒲扇边吃冰镇西瓜更是人间一大美事。身为建安七子之一的刘桢在《瓜赋》中早有说法，好瓜摘下来后，要“投诸清流”，让西瓜在清澈的溪水中“一浮一藏”，使得清凉遍浸瓜皮，也可浸在井水中。即使在最毒热的暑天，井底依然会透心凉。浸过井水的西瓜鲜甜冰凉，几口下去，凉澈到心底，暑气已去了大半。吃过的西瓜皮不要扔，去掉绿色表皮切段煮粥，也有消暑祛湿的功效。

“乘月采芙蓉，夜夜得莲子。”大暑时节，江南街头时常可见挑着竹筐卖“莲蓬”的农人。鲜嫩的莲子很清甜，可以直接剥来吃。而莲子心是中医中一味清心火的食材。

大暑天气酷热，出汗多，脾胃相对较弱。汤粥食物温软熟烂，容易消化，最适合夏天食欲不振的人。“度暑粥”有绿豆百合粥、薏米小豆粥等。

苏式绿豆汤

材料：绿豆、糯米、薄荷叶、白糖

做法：绿豆洗净后泡一段时间，上锅蒸一小时；糯米也蒸熟；将绿豆与糯米拌匀后，加入白糖冷却。再将薄荷叶放进水里煮开后冰镇，在一只碗里放入绿豆和糯米，冲入冰镇薄荷水即可。喜欢吃风味更加丰富的绿豆汤，可以加入蜜枣和红绿丝。这样的做法相对于传统绿豆汤可以保留绿豆的原味，同时汤汁分离，口感比煮出来的绿豆汤更加清爽。

大暑时节是夏天的最后十五天，这段时间属于“长夏”，脾胃容易虚弱，可多食一些健脾利湿的食物，例如绿豆、荷叶、西瓜、莲子、冬瓜、薏苡仁、苦瓜、山药、扁豆、茯苓、赤小豆等。这些食物同时也有清热解暑的功效。

一碗清凉的冰镇绿豆汤也是中国人最喜爱的消暑美食。绿豆性味甘凉，解暑热，夏天在高温环境下工作的人出汗比较多，体内水液损失很大，用绿豆汤来补充最适宜。苏州人煮绿豆汤比较讲究，会在绿豆里加入糯米、蜜枣、红绿丝，最后用冰镇薄荷水来冲泡，入口不仅有绿豆的香、糯米的糯、蜜枣的甜，还有薄荷的清凉，味觉更为丰富。

花信

“惟有绿荷红菡萏，卷舒开合任天真。”大暑时节，荷花舒展，荷香怡人。中国文人将荷花喻为出尘不染的君子。周敦颐《爱莲说》:“予独爱莲之出淤泥而不染，濯清涟而不妖，中通外直，不蔓不枝，香远益清，亭亭净植，可远观而不可亵玩焉。”

荷花也是中国人最早用于插花的花卉。插花始于六朝，源于佛前供花。因为在佛教中的特别含义，荷花常常出现在插花兴起之初的花器中。荷花、荷叶、莲藕和莲实都可以为素材；碗，盘、罐、立式长方陶器皆可以为花器。盆荷、碗莲很早便出现在文人贵族的私家庭院中。

✕ 花材：荷花　花器：月亮罐　事花人、摄影：栖崖

╳ 蒙顶黄芽　摄影：马岭

茶事

大暑是一年之中最热的时节，高温酷暑，人的脾脏容易虚弱，适宜喝一些健脾胃的茶饮。黄茶是中国茶类里的小微品类，在杀青后多了“闷黄”的工艺，使得叶绿素黄变，黄汤黄叶，滋味比绿茶更加甘醇温和，散发出特别的焦糖香，更适合脾胃虚寒的人饮用。同时，闷黄工艺也产生大量消化酶，有助于脾胃运化食物。对茶多酚类敏感的人，比较适合黄茶。

香事

大暑时节，处于夏秋之交，人的脾脏比较虚弱，可在室内熏上一款“汉建宁宫中香”来健脾行气。

汉建宁宫中香，是东汉时期王公贵族炉中常焚烧的香品，被一些香文化学者认为是中国历史上最早的合香，也是中国古代十大名香之一。在宋人陈敬的《陈氏香谱》、明人周嘉胄的《香乘》中均有记载。这款香方以黄熟香香韵为主，辅以白附子、丁香皮、藿香、零陵香、檀香、白芷等，定香选用了茴香、甘松、乳香等，药香浓郁，雄浑大气，圆润温和。从性味上看，以辛甘为主，以入胃脾经为主，可以行气理气，兼有祛湿寒、通经络的养生效用，可以隔火熏香的方式闻香，也可以选择制成线香焚烧。

汉建宁宫中香

材料：黄熟香四斤，白附子两斤，丁香皮五两，藿香叶四两，零陵香四两，檀香四两，白芷四两，茅香二斤，茴香二斤，甘松半斤，乳香二斤，生结香四两，枣半斤

制法：将以上香料加入炼蜜，调和均匀，窨藏月余，取出，搓制成丸，或用印模压制成饼焚熏。

大暑天身体会出大量的汗，气也随之而泄，人就会亏气，也就是所谓的“一夏无病三分虚”。这个时候最好坚持“少动多静”的原则，到大自然中去，步山径、抚松竹，还可以在环境清幽的室内读书习字、品茶吟诗、观景纳凉。

第四章

秋收

从立秋、处暑、白露，到秋分、寒露、霜降，秋天的六个节气，从名字中即可解读出，阴气渐盛，天地逐渐寒冷，秋日渐深。秋天，是万物果实饱满、成熟收获的季节。这个季节天气清肃，草木凋零，大地明净。

此时，人们应收敛此前向外宣散的神气，以适应秋气并达到相互平衡。秋高气爽，可多踏秋郊游，登高望远。万物收敛的季节里，可多做一些归纳、收敛、总结的事务，慢慢沉淀，转换为切实的成果。

✕ 图虫创意 / Adobe Stock

PART 01
立秋

立秋，一叶知秋。

凉风至，白露声，寒蝉鸣。

云天收夏色，木叶动秋声。

╳ 苏州艺圃

立秋，秋天的第一个节气，在公历的8月7日至9日之间，太阳落在黄经135°。立秋是孟秋的开始，对应申月（立秋、处暑两个节气），斗柄指向地支“申”（西南）的方向。《历书》曰：“斗指西南维为立秋，阴意出地始杀万物，按秋训示，谷熟也。”《月令七十二物候集解》中说：“秋，揫（jiū）也，物于此而揫敛也。”

立秋三日，水冷三分。一场秋雨一场寒，夜晚的空气中已有了一丝凉风，秋天就此拉开了序章。然而，此时仍处于三伏天的末伏，白天依然十分酷热，中国人形象地称之为“秋老虎”。

由于中国幅员辽阔，各地气候上的入秋时间并不一致，对于北方来说，凉风已经拂面，而对于南方来说，依旧是夏暑气象。

宋代《岁时广记》中记载：“立秋日天气晴朗，万物不成。有小雨，吉。”这在民谚中也有对照：“立秋雨淋淋，遍地生黄金。”

《月令七十二物候集解》中说立秋三候，一候凉风至，二候白露生，三候寒蝉鸣。一候凉风至。立秋始，西风送，隐约带着凉意，西风因此也成为秋风的代名词。宋代范成大《立秋二绝》诗云：“岁华过半休惆怅，且对西风贺立秋。”二候白露生。立秋节气的第二个五天，大雨之后，清凉风来，空气中白茫茫一片。这里的白露不是指露水，更像是白雾。三候寒蝉鸣。立秋节气的最后五天，蝉也开始鸣叫了。古人认为蝉感阴而鸣，故称寒蝉，而夏至二候蜩始鸣中的蜩为夏蝉，俗称“知了”。三国曹植《赠白马王彪·并序》中说：“秋风发微凉，寒蝉鸣我侧。”宋代柳永词《雨霖铃·寒蝉凄切》云：“寒蝉凄切，对长亭晚，骤雨初歇。”

人间立秋

秋，由禾与火组成，意为禾谷成熟，收获的季节到了。对于北方的农人来说，秋日是一年中唯一的收获的季节。对于南方人来说，中稻开花结实，晚稻开始插秧。不管在哪里，立秋时节都是农人繁忙的季节。在古代，天子会祭社尝新谷，民间也多有在立秋这天举办祭祖和尝新的仪式。

立秋后第五个戊日是社日。社日在元代以前是一个非常重要的节日，分春社、秋社，春祈秋报，祭神谢神。秋社是农作物收获后，官府和民间谢神的日子。宋时，秋社有祭神、食糕、饮酒、妇女归宁等习俗。如今浙江、福建、广东一些地方，仍然流传有“做社祈福”“敬社神”“煮社粥”的习俗。

一叶落知天下秋。南宋吴自牧在《梦粱录》里说：“太史局委官吏于禁庭内，以梧桐树植于殿下，俟交立秋时，太史官穿秉奏曰：秋来。其时梧叶应声飞落一二片，以寓报秋意。”树上飘落的第一片树叶好似大自然寄给人类的信笺，告诉人们：秋天来了。

人们把楸叶看作秋天的象征。从唐代开始，便有剪裁楸叶插于鬓边的习俗。楸树是一种落叶乔木，叶子有几个手掌那么大，圆形或卵形，有三个尖或者五个尖。宋代《东京梦华录》中记载：“立秋日，满街卖楸叶，妇女儿童辈，皆剪成花样戴之。”

同立春、立夏一样，自周以来，帝王也会在立秋日携臣子着白衣去西郊迎秋。之所以去西郊，是因为秋季在五个方位中对应西方；之所以穿白衣，是因为秋天在五色中对应白色。天子归来后，会奖赏军帅、武人于朝。秋天对于中国古人来讲代表的是“肃杀之气”，与军人是匹配的。

中国有句成语，叫做“秋后算账”。这是缘于北方农人一年只在秋天收获一次稻谷，所以只有在秋收后才有经济上的回馈，于是人们会在春夏赊账买一些生活用品，欠下的债务到了秋收后一次还清。“秋后算账”也被赋予更丰富的内涵——人一年的功与过，也要在秋天有一个了结。古人被判死刑之后，都是在秋天执行，即“秋后问斩”。《周礼》中把掌管刑罚的官员称为“秋官”。这似乎也符合天道。秋天本身五行属金，带有肃杀之气，适合行刑。而春天与夏天分别意味着生发与生长之气，汉朝法律甚至规定不能在春夏季行刑杀之事。同时，此时正是农闲时期，地方官方便动员农人去观看问斩，来起到警示教化民众的作用。中国还有句成语，叫“多事之秋”，因为春天是人们忙于耕种的季节，秋天收割后有了农闲，才便于征兵打仗，是为“春耕秋战”“沙场秋点兵”也从中而来。

民间也流行在立秋这天悬秤称人，将体重与立夏时对比来检验肥瘦。人在夏天，食欲降低，饭食清淡，两三个月下来，体重大都要减一点。旧时人们对健康的评判往往以胖瘦为标准，瘦了当然需要“补”。等秋风一起，胃口大开时，就要吃点好的，增加一点营养，补偿夏天的损失，补的办法就是“贴秋膘”。

每年立秋，随着农作物的成熟，许多地区开始“晒秋”。湖南、江西、安徽等一些山区的村民，因村庄平地少，只能利用房前屋后及自家窗台、屋顶架晒或挂晒农作物，久而久之就演变成“晒秋”的传统农俗。江西婺源的篁岭古村，晒秋已经成了农家喜庆丰收的“盛典”。

“躺秋”，也叫做“卧秋”或者“睡秋”。在江淮一些地方，人们在立秋这一天，会选择一个阴凉的地方躺一躺，表示暑热难当无法安眠的日子即将过去，可以好好安睡了。“躺秋”同时也寓意着在夏天繁忙辛苦的生产已经过去，可以稍微松口气、歇一歇了。还有一种说法就是，夏天多会“夏瘦”，秋天到来，多躺一躺，有利于把夏天瘦掉的肉长回来。

〤 晒秋 摄影：宏子

清代《帝京岁时纪胜》中记载："京师小儿懒于嗜学，严寒则歇冬，盛暑则歇夏，故学堂于立秋日大书：秋爽来学。"看来清代就有暑假、寒假了，无论古今，凉爽的秋天都是学生们"开学"的日子。

食事

老北京自立秋日起，爆肚、烤肉、涮肉便纷纷搬上了桌。饭店门口挂出幌子，人们便知道立秋已至，该贴秋膘了。东北地区的贴秋膘习俗，是一大家子人围坐吃一顿丰盛的宴席，明目张胆地"抢秋膘"，瘦的人要从胖的人碗里抢走一块肉，寓意来年胖的人会变苗条，瘦的人会变丰腴。

"咬秋"，在有些地方也称为"啃秋"。天津讲究在立秋这天吃西瓜或香瓜，意为天气转凉，西瓜少了，要将其咬住。和"咬春"一样，人们相信立秋时吃西瓜可免除冬天和来年春天的腹泻。江南地区也在立秋这天吃

╳ 咬秋

西瓜。而立秋这天吃西瓜，也有告别的意味。俗话说：秋瓜秋水，吃了见鬼。立秋后，早晚天气变凉，吃凉的东西易伤肠胃，立秋日后人们便不再吃西瓜了。在浙江等地，立秋日有取西瓜和烧酒同食的习俗，据说这样可以防疟疾。浙江杭州立秋吃秋桃，吃完把核留起来，待到除夕时把桃核丢进火炉中烧尽，传说可免除瘟疫，也是"啃秋"的一种。

为了顺利度过夏秋交接的时刻，人们也会制作一些特别的食物。唐宋时，人们会在立秋时节用井水服食小赤豆。取七粒至十四粒小赤豆，以井水吞服，服时要面朝西，据说可以一秋不犯痢疾。

浙江宁波地区的人们则会在立秋这一天给小孩子吃绿豆粥，认为可以防治滞夏。旧时，金华地区的人们会在立秋这一天吃木莲做的凉粉。如今，金华人们改吃清凉糕：用番薯淀粉熬成羹状，倒在碗里，待第二天早上结成一整块，远看似一块圆润剔透的白玉，然后切成小块，撒上白糖、

※ 溏心鸡头米

醋、薄荷，清凉爽口、酸甜开胃。

山东莱西地区流行立秋吃“渣”。渣是一种用豆沫和青菜做成的小豆腐，也是用来预防痢疾的。

四川东部、西部会喝“立秋水”，即立秋这一天从河里或者井里打的水，在立秋正刻，全家老小各饮一杯，据说可消除积暑，秋来不闹肚子。

鸡头米也是江南一些地区的立秋美食。宋代《东京梦华录》中说：“鸡头上市……士庶买之，一裹十文，用小新荷叶

溏心鸡头米

材料：鸡头米、糖、桂花

做法：煮水开至有小米大小的水泡浮上来时放入鸡头米；至有黄豆大小的水泡浮上来时，放入糖和桂花；水开串串气泡从锅边浮起时，便可起锅。这样煮出来的鸡头米外软内甜糯，像溏心蛋一样，因此被称为溏心鸡头米。煮时需把握火候，煮过了头，鸡头米便会硬得像橡皮弹子了。

包，糁以麝香，红小索儿系之”。把新上市的鸡头米用小嫩荷叶包起来，系上红绳，在立秋这天叫卖。鸡头米是芡实种子里面的白色种仁。因为芡实果上方有个突起形如鸡嘴，整个芡实果就像一个惟妙惟肖的鸡头，所以才被称为鸡头米。鸡头米晒干了便是中药材芡实，具有补益脾胃的功效。

在某些地方，立秋还有吃茄子的习俗。传说明朝军队打下元大都北平府后，大将常遇春手下一个士兵偷了农民的一个香瓜。常遇春治兵非常严格，要把偷瓜的士兵处以死刑。乡人来求情，说元大都有习俗，立秋拾瓜不算偷。常遇春听到这话，不仅赦免了士兵，还找来很多茄子犒劳兵士们。于是，立秋吃茄子的民俗流传了下来。中医里认为，茄子属于寒凉的食物，立秋伏日吃茄子，可以清热解暑，十分相宜。茄子容易吸味，煎炒蒸炸都容易做出鲜美滋味。北方有烧茄子、蒜泥茄子、茄子盒等，江南有油焖茄子、凉拌茄子等。

藕，也是立秋的时令食物。作为“水八仙”之一，莲藕是江南人熟悉的一道“草根”美食。莲藕生啖熟食两相宜。新鲜的藕节切成薄片生吃，满嘴都是清香。莲藕熟吃，则可以清炒、炖排骨、做藕盒、做糖藕等。中医认为，生藕性寒，甘凉入胃，清烦热；熟藕则有养胃滋阴、健脾益气的功效。江南人还会将藕磨成藕粉来冲泡，冲好的藕粉呈半透明状，细腻，甜美，小孩子最喜多食。

秋季燥气当令，易伤津液，所以应多食滋阴润肺的食物。人们在历经夏季的酷热大汗之后，常损耗过多，会出现体内营养和水分的匮乏。立秋后，气温仍然偏高，而湿度下降，形成温燥。中医认为，燥乃六淫之邪，伤肺气，容易引起口干舌燥、皮肤干枯、烦躁不安等症状。秋季时节，可适当食用百合、蜂蜜、枇杷、萝卜、荸荠、银耳、鸭肉等甘润食物来清热生津，养阴润燥。“朝盐水，晚蜜汤。”白天喝点盐水，晚上喝点蜂蜜水，可以有效缓解秋燥。且秋天尽量少吃葱、姜等辛味之品，适当多食酸味果蔬。

经过苦夏的煎熬，很多人脾胃往往很虚弱，饮食应侧重于清热利湿，健脾益气，可以多吃扁豆、山药、莲子、南瓜、芋头等食物。

✕ 紫薇

花信

立秋时节，鸡冠花、玉簪花、紫薇花在乡野园林间开着。紫薇花的好，在于花期的长，从五月一直开到九月，令整个夏天到初秋都不寂寞。杨万里《道旁店》里写紫薇花："道是渠侬不好事，青瓷瓶插紫薇花。"白居易《紫薇花》诗云："独坐黄昏谁是伴，紫薇花对紫微郎。"立秋日可以采一枝紫薇，插入瓶中，置于书案，人花对坐，共度初秋韶光。

恩施玉露　摄影：无人问津

茶事

立秋的天气依然酷热，可以选择喝一杯恩施玉露，来补充汗液带走的钾等成分。

恩施玉露产自湖北省西南部的武陵山区终年云雾缭绕。恩施玉露制作的最大特色，是杀青方法仍然沿用蒸青工艺。茶叶纤细挺直如针，色泽苍翠绿润。冲泡后，芽叶复展如生，汤色嫩绿明亮如玉露，香气清爽，滋味醇和。唐代时，日本从中国引入恩施玉露茶种和制茶方法后，至今仍主要采用蒸青方法制作绿茶。品一杯恩施玉露，茶汤沁人心脾，足以消除立秋酷热日子里的烦躁。

香事

立秋处于夏秋之交，换季时人的脾胃易虚弱，虽然宣告秋日将至，但天气依然酷热，人的心情容易烦躁，可以点一款“禅悦香”来助益脾胃，安宁心神，愉悦

禅悦香

材料：檀香二两，乳香一两，柏子（选未开者以酒煮后阴干）三两

制法：磨为粉末，用白芨糊和匀，做成香饼焚烧或者隔火香熏。

身心。禅悦香见于明人周嘉胄《香乘》，整体香调给人的感受，如处于深山古刹禅境般宁静安详。

《黄帝内经》中云：“秋三月，此谓容平，使志安宁，无外其志，使肺气清，此秋气之应，养收之道也。”其中《素问·四气调神大论》指出：“圣人春夏养阳，秋冬养阴……”顺应四时养生，要知道春生夏长秋收冬藏的自然规律。秋季养生，凡精神情志、饮食起居、运动锻炼，皆以养收为原则。

中国人对于秋天有种悲愁的情绪基调。《千字文》中说：“人生一世，草木一秋”，温庭筠说：“黄叶无风自落，秋云不雨长阴。”秋瑾说：“秋风秋雨愁煞人。”秋日精神调养，要做到内心宁静，神志安宁，心情舒畅，切忌悲忧伤感，同时还应收敛神气，以适应秋天容平之气。

起居调养，应“早卧早起，与鸡俱兴”。早卧以顺应阳气之收敛，早起为使肺气得以舒展，且防收敛之太过。

PART 02
处暑

处暑，一度暑出天渐凉。

离离暑云散，袅袅凉风起。

池上秋又来,荷花半成子。

× 莲

处暑，秋天的第二个节气，在公历8月23日左右，太阳落在黄经150°。“处”含有躲藏、终止的意思，“处暑”表示炎热暑天结束了。《月令七十二候集解》说：“处，去也，暑气至此而止矣。”“争秋夺暑”，便是指立秋和处暑之间僵持的这一时期，秋季已来临，早晚已有些凉意，但夏天的暑热还迟滞不去，时有高温。

《月令七十二候集解》中说处暑三候，一候鹰乃祭鸟，二候天地始肃，三候禾乃登。一候鹰乃祭鸟。传说老鹰是一种义鸟，它虽然因为感受到秋天肃杀的金气，开始捕击其他禽鸟，但却不捕杀正在哺育小鸟的禽鸟，并且会将猎物先陈列如祭，而后食之，所以古人认为老鹰是有义气的禽类。二候天地始肃。第二个五日天地间万物开始有肃杀之气。三候禾乃登。第三个五日，稻子高粱等开始成熟。“禾乃登”的“禾”指的是黍、稷、稻、粱类农作物的总称，“登”即成熟的意思。

唐代白居易《早秋曲江感怀》诗云：“离离暑云散，袅袅凉风起。池上秋又来，荷花半成子。”元代仇远的《处暑后风雨》诗曰：“疾风驱急雨，残暑扫除空……纸窗嫌有隙，纨扇笑无功。”清代胤禛《七夕处暑》诗说：“天上双星合，人间处暑秋……梧叶风吹落，璇霄火正流。”都描述了处暑时节“争秋夺暑”的人间图景。

“七月八月看巧云”。处暑时节，仰望天空，会发现天空云卷云舒，袅袅然，施施然，十分美丽。

有趣的是，中国北方人称处暑时节的一种小蜻蜓为“处暑”。当人们在草地上看到这种小蜻蜓飞舞，就知道“处暑”来了。

人间处暑

处暑时节，两广地区有煲药茶的习俗。因为处暑时节两广地区仍然闷热，人们去药店配制药方，然后在家煲药茶，以茶解暑热。

处暑节气正值农作物收成时刻，古时人们举行各种仪式来祭祖以及拜谢土地公。对于沿海渔民来说，处暑以后便是渔业收获的时节。每年处暑期间，浙江沿海地区都要举行一年一度的开渔节，举行盛大的开渔仪式，欢送渔民开船出海。

摄影：真食阿彬

火腿老鸭汤

材料：山野老鸭一只、火腿片3-4片

做法：将山野老鸭切块焯水后，重新加矿泉水煲汤。火腿片冲洗，放入鸭汤中。煲足2-3小时即可。

食事

一些地区有处暑吃鸭子的习俗。鸭子味甘性凉，适宜在处暑日进补。处暑这天，北京人会吃处暑百合鸭。有句俗话："处暑送鸭，无病各家。"处暑时节，南京人会挑一只江宁湖熟地区的麻鸭，在家炖上"萝卜老鸭煲"或做"红烧鸭块"送给邻居。

老福州人还会在处暑吃“白丸子”。白丸子其实就是糯米丸，做法很简单：将糯米粉搓成小粒煮汤，汤里加点糖，味道清甜。糯米有养阴的功效，味甘、性温，能够补养人体正气。

处暑还是吃海鲜的好季节。处暑期间，东南海域水温依然比较高，鱼虾贝类发育成熟，鱼群会停留在周围，人们可以捕获到种类繁多的海鲜。鱼虾等海鲜大部分都有滋阴润燥的功效，处暑时节食用非常合时宜。

花材：姜花　花器：琉璃净瓶　事花人、摄影：般若衿

花信

处暑时节，姜花开了。白色花瓣微展如蝴蝶，所以姜花又被称为蝴蝶姜、白蝴蝶花。姜花香气清新，采一束插在花瓶，放在房间，带来一室幽香。

茶事

处暑时节，人间阳历八月，此时的台湾东方美人茶经过采收和萎凋、做青、渥堆、炒青、闷堆、揉捻和烘焙等工艺，终于上市了。品饮

╳ 东方美人茶

一杯东方美人来消除余暑，以蜜香打开秋天。东方美人为台湾特有之茶品，又因其茶芽白毫显著，又名为白毫乌龙。品种有“青心大冇”“白毛猴”“慢种”“青心乌龙”等，其中以“青心大冇”品质最佳，主要产地在台湾的新竹、苗栗一带。东方美人在部分发酵的乌龙茶中，是发酵程度较重的茶品，茶性介于“青茶”与“红茶”之间，最宜夏秋季节品饮。东方美人茶树嫩芽经小绿叶蝉、蝝仔吸食后长成茶芽，会有独特的“蜜”香，高级者更带毫香。滋味爽口圆柔醇厚，茶汤颜色明澈鲜橙，犹如琥珀。西方饮茶人士因此誉之为东方美人（Oriental Beauty）。

香事

处暑时节，天气渐凉爽，秋意渐浓，此时人们容易产生悲秋情绪，可熏燃一款“东阁云头香”借以怡情养性，愉悦身心。东阁云头香，在宋代名香榜上一度居榜首地位，用料金贵，包括沉香、金颜香、佛手柑、藏红花、龙脑、龙涎、麝香、石脂、制甲香、蔷薇水等，生闻类似芸香科果物的果酸香，令人心情愉悦，有满口生津之感，熏燃则更是香韵丰富旖旎，前期气味似柠檬柚子柑橘香及淡淡蔷薇花香，中调气味沉稳，呈现沉香番栀子（藏红花）龙涎麝香的香韵，后调温暖回甘。宋人陈敬《陈氏香谱》与明人周嘉胄《香乘》中均见记载。

PART 03
白露

白露，露从今夜白。

天高云淡，树静风清。

醇和不过白露茶，甜糯不过白露酒。

╳ 安徽·关麓

白露，仲秋第一个节气，在公历9月7日到9日，此时太阳落在黄经165°。《月令七十二候集解》中说："八月节……阴气渐重，露凝而白也。"白露对应酉月（白露、秋分两个节气）。

白露时节，天气渐凉，清晨的雾气日益加厚，凝结成一层白色的露水。《月令七十二候集解》中说"水土湿气凝而为露，秋属金，金色白，白者露之色，而气始寒也"。

对于农人来说，白露时节的露水能够预兆好收成。"白露白迷迷，秋分稻秀齐。"而白露时节的雨就不那么受欢迎了。"白露下了雨，市上缺少米。"农人还认为白露的雨是苦雨，会使蔬菜变苦，让待收的稻子生虫。

《月令七十二候集解》说白露三候，一候鸿雁来，二候玄鸟归，三候群鸟养羞。一候鸿雁来，是相对于雨水节气二候"鸿雁北"来说的。鸿与雁，是两种鸟，鸿大雁小。鸿雁雨水节气北飞，白露节气南飞。二候玄鸟归，也是应对春分第一候的"元鸟去"来说的。玄鸟即元鸟，就是燕子。燕子春分而来，秋分而去。三候群鸟养羞中的"羞"同"馐"，是美食。养羞是指诸鸟感知到肃杀之气，纷纷储食以备过冬，如藏"珍馐"。

中原一带的农人以白露作为种植小麦的信号。后魏时期贾思勰的《齐民要术》就总结："凡种大小麦得白露节可种薄田，秋分种中田，后十日种美田。"

古人经过观察还发现，白露时节，大江大河、湖泊沼泽仿佛听到天地一声令下，水势骤减，甚至会一夜干涸。直到近代，一些地方依然会把白露作为每年汛情的终止时间。

人间白露

老百姓会在白露节气“收清露”。明朝李时珍的《本草纲目》上记载：“秋露繁时，以盘收取，煎如饴，令人延年不饥。”“百草头上秋露，未晞时收取，愈百病，止消渴，令人身轻不饥，肌肉悦泽。”“百花上露，令人好颜色。”白露日的“清露”也是一味中药。曹雪芹在《红楼梦》里提到宝钗治疗热毒的冷香丸中就有一味“白露节令的露”，虽是曹公杜撰的方子，盖也由此而来，白露节气当日“收清露”成为特别的“仪式”。

白露以后，田间的蟋蟀个大善鸣，斗蟋蟀的日子就到了。斗蟋蟀，又叫“秋兴”。清朝中叶顾铁卿在《清嘉录》里说：“白露前后，驯养蟋蟀，以赌斗之乐，谓之秋兴，俗名斗赚绩。提笼相望，结队成群，呼其虫为将军，以头大足长为贵，青、黄、红、黑、白正良为优……”蟋蟀的寿命只有百日，所以斗蟋蟀的活动被限定在了秋季。齐白石老先生就曾经把两只蟋蟀相斗的情景画进画里。

太湖的渔民会在白露时节祭祀禹王。当地人一年举办4次祭禹王的香会，其中白露秋祭规模最大，祭祀过程长达7天之久，热闹非常。

食事

秋属金，五色为白。白露的名字对应了秋的颜色，民间因此产生了吃白色草药食物来润肺解秋燥的习俗。浙江温州的苍南、平阳等地，人们会在白露这一天采集“十样白”（也有“三样白”的说法）来煨乌骨白毛鸡或

桃胶雪莲子银耳羹

桃胶雪莲子银耳羹

材料：古田银耳、雪莲子（皂角米）、桃胶、枸杞、冰糖

做法：桃胶与雪莲子泡发一夜，银耳泡3小时；将桃胶、雪莲子、银耳放入炖盅，隔水炖两到3小时，炖好前20分钟放入枸杞、冰糖即可。

鸭，可滋养身体，去风气，也就是我们今人所说的关节炎。“十样白”，是十种带“白”字的草药，如白木槿、白毛苦等。

旧时江南人家每年白露一到，家家户户自酿米酒，用以待客，称为“白露米酒”。白露酒用糯米、高粱等五谷酿成，清新甜美。湖南资兴一带也有酿白露米酒的习俗，尤以“程酒”最为著名。当地人把酒酿好后会入坛密封，埋入地下，经过数年乃至几十年的等待后方可以开封饮用。湖南的白露米酒温中带热，略有甜味，酒液呈红褐色，中有白色丝絮，香气扑鼻。

福州有白露吃龙眼等习俗。人们大清早起床，就要喝一碗龙眼香米粥。据说在这一天吃一颗龙眼相当于一只整鸡的滋补效果。

“白露到，竹竿摇，满地金，扁担挑。”每年到了白露节气，杭州临安的山核桃开杆采收了。山核桃在白露后才算真正的成熟。为了保证果子的成熟度，临安政府规定，山核桃统一定在白露时节开始采摘。在这之前是开放日，只准捡掉落在地上的，不让乡民用竹竿敲打。

中医有个理论，叫“食岁谷”。秋季万物逐渐萧落，植物纷纷把精华之气注入种子，为来年的生机勃发储备能量。这个时间多吃一些种子食物，和大地一起储存精气，来年才能更好地生发。小小核桃便也储存了满满能量，多吃可以补脑益肝肾。

白露处于仲秋时节，秋燥尤为明显，可多吃清肺润燥的食物，如百合、杏仁、银杏、银耳、莲子、甘蔗等食物。如出现咳疾，可以在饮食中适当加入川贝母、沙参、胖大海、桔梗、罗汉果、麦冬等来达到清肺热、润肺燥、止痰咳的效果。平日也可做一份桃胶莲子银耳羹来解秋燥。

花信

白露时节，牵牛花于清晨含露绽放。和这个季节的白露一样，当太阳升起，白露消散，牵牛花花瓣也慢慢蜷缩起来，像是陪伴白露而生的一样。清代湘绮老人说：“牵牛花者……待晓露而花，见朝日而蔫，虽无终朝之荣，而有连月之华。”此时可采一枝牵牛花插入瓶中，陪伴自己的仲秋韶光。牵牛花属于缠绕草本，可以在插花时将花瓶置于高处，任其虬曲藤蔓垂挂下来，呈现嫣然姿态。

※ 花材：牵牛　事花人、摄影：朵兮

茶事

“白露茶”，是老茶客非常钟意的茶品。白露茶本是古籍上记载的唐宋名茶，产于豫章，即今江西境内，明朝时仍然有生产，之后就销声匿迹了，如今已无法揣度当年名茶的滋味。现在茶客所说的“白露茶”，其实是指“白露时间采摘的茶”，没有特别限定茶的种类。从广州到南京，都有爱茶人喝“白露茶”，这是因为白露时期的茶树经过一个夏季的生长，吸收积

白露茶

淀了更丰富的内质，既不像春茶那样鲜嫩，不经泡，也不像夏茶那样干涩，味苦，而是有一种甘醇的香气。

品白露茶，可从福建福鼎的白茶品起。在当地，秋白露倍受茶客青睐，秋白露多以寿眉为主。白露时节采摘的寿眉，叶片更加厚实，内含更多有机物和胶质，一般一芽四叶或一芽三叶，泡出的茶汤花香馥郁，口感醇厚顺滑。也可以选一款老白牡丹来喝。白茶有清热润肺、平肝益血的功效，正合人体秋季滋阴润肺的需求。俗话说白茶“一年茶，三年药，七年宝”，爱白茶的人喜欢将新白茶收藏好，等待岁月赋予其内质的奇妙转换。

鹅梨帐中香

材料：沉香末一两，檀香末一钱，梨子十枚

制法：将梨子去头，挖去梨核制成瓮状，填入香料，将梨头放回顶部盖好，蒸煮三遍，削去梨皮研细，窨藏后，取出手工制香。

香事

白露意味仲秋来临，秋对应肺，主悲，人易陷入悲秋情绪，可以点一款“鹅梨帐中香”，令甜甜的果香带来仲秋的内心平和喜悦。

鹅梨帐中香，原方见于宋人陈敬《陈

氏香谱》中记载的“江南李主帐中香”其中的两个方子，传说为南唐后主李煜与妻子周娥皇首创。“帐中香”是古人用在卧房里的香品，功效一为安神助眠，一为怡情助兴，初调是清润甘甜的果香，中调檀香的奶香幽然，嗅入肺顿觉心情愉悦舒畅。

白露时节昼夜温差逐渐变大，“白露不露，长衣长裤。”“白露节气勿露身，早晚要叮咛。”此时穿衣要多注意保暖，以防寒气入侵。

这一时节，自然界的阳气由疏泄趋向收敛、闭藏。人体的生理活动要适应自然界阴阳的变化，因此要特别重视保养内守之阴气，凡起居、饮食、精神、运动等方面调摄皆不能离开“养收”这一原则，可减少说话和适当减少剧烈运动。

此时，面对气温骤降，天地萧瑟，容易产生悲伤的情绪，中国人称之为“悲秋”，因此，更应注意保持神志安宁和心情舒畅。白露时节，也是一年中少有的最舒适的季节。天高气爽，秋雨洗尘，可去郊外踏秋、游园、登高远眺，让忧郁、惆怅的情绪随风消散。

PART 04
秋分

秋分日，昼夜均，寒暑平，秋色正中分。

最是柿红橘绿时，膏蟹肥熟，草木染青黄。

劝君莫悲秋，徜徉山海，澄怀静气，心中常乐。

四川九寨沟 摄影：周琳

秋分，在公历9月22或23日，此时太阳抵达黄道180° 。秋分是四时八节之一。《春秋繁露·阴阳出入上下篇》中说："秋分者，阴阳相半也，故昼夜均而寒暑平。"与春分的意义相应，秋分一是指一天时间白天黑夜平分，各为十二小时；二是古时以立秋至立冬为秋季，秋分正当秋季三个月之中，平分了秋季。秋分日夜等长，用古人的哲学语言来说是阴阳等分，寒暑相当。

秋分这一天，太阳直射赤道，南北极可以同时看到太阳。古人还观察到一个有趣的天文现象：由于中国处在北半球，一年里只有秋分以后，才能看到南极星。古人称南极星为"老人星""南极仙翁"。《史记》天官书里说："南极老人见，治安，常以秋分时，候之于南郊。"南极星被视为祥瑞，天子看到它被视为国家太平，百姓看到它则预示着长寿。于是皇帝会在秋分这一天清晨，率领文武百官到城外南郊去迎接南极星。

秋分是华北地区种麦子的时节。华北农谚："白露早，寒露迟，秋分种麦正当时。"后魏时期贾思勰的《齐民要术》说："凡种大小麦得白露节可种薄田，秋分种中田，后十日种美田。"

"秋分不宜晴，微雨好年景。""秋分有雨来年丰"。民间认为，秋分下雨，预兆着这一年将有丰收的好年景。

《月令七十二物候集解》中说秋分三候，一候雷始收声，二候蛰虫坯（péi）户，三候水始涸。一候雷始收声，是与春分的二候"雷乃发声"相对应来说的。雷是因为阳气盛而发声，秋分后阴气开始旺盛，所以雷声收了。二候蛰虫坯户的"坯"是"培"的意思。虫类受寒气驱逐，躲进了巢穴，准备冬眠，它们还会用细土把洞口封起来，以免寒气入侵。它们要等到来年惊蛰才苏醒萌动。三候水始涸。江河溪流的水到秋分第三个五日量会减少，甚至干涸。

人间秋分

秋分曾是传统的“祭月节”。在周朝，帝王有春分祭日、夏至祭地、秋分祭月、冬至祭天的习俗。其祭祀的场所称为日坛、地坛、月坛、天坛，分设在都城东、北、西、南四个方向。北京的月坛就是明清皇帝祭月的地方。《礼记》载：“天子春朝日，秋夕月。朝日之朝，夕月之夕。”夕月之夕，正是夜晚祭祀月亮。在古人眼中，日月这两大天体分别代表了阳、阴两极，在时间上分别代表日和夜，季节上分属春和秋，方位上分属东和西，五行中分属火和水。秋分以后，阴气渐重，天地归月神主宰，所以天子要向月神祭拜祈福。日和月的运行是构建岁时历法体系的基础，是宇宙时空和谐依存的保证。因此，古人十分重视日月祭礼。

祭月礼仪在周代被列入皇家祀典，只有皇家和代表皇家的官员才可以祭祀，民间不可以轻易亲近。随着时代变迁，到了宋代才出现秋分赏月、拜月的习俗。明清时代，由于“秋分”这一天对应的日子每年不同，不一定都是圆月日，而祭月无月则大煞风景。于是慢慢地，中国人将“祭月节”由“秋分”调到了阴历八月十五的满月时分，便是如今我们所熟知的中秋节了。

秋分日，中国一些地方依然保留了在祠堂祭祖的习俗，称作“秋祭”。届时要打开宗祠正门，在享堂悬挂先祖遗像和功名匾额，举行祭祀仪式，还会安排戏班在祠堂唱戏。

与春分相似，民间在秋分这一天也有“竖蛋”的习俗：选择一个光滑匀称的新鲜鸡蛋，轻轻地在桌子上把它竖起来。

秋分时，农人还有挨家送秋牛图的习俗。秋牛图，是在二开红纸或黄纸印上农夫耕田图样和全年农历节气。送图者都是些民间善言唱者，主要说些秋耕不违农时的内容和吉祥话，每到一家便即兴创作，句句有韵，说得主人高兴了，打赏了为止，俗称“说秋”，说秋人便叫“秋官”。

雪梨玉竹百合猪瘦肉汤

材料：银杏、玉竹、百合、枸杞子、杏仁、雪梨、无花果、猪瘦肉

做法：将银杏去壳、外衣及心，将猪瘦肉汆水备用，其他材料洗净；锅内加两升水，所有材料放入锅内，用文火煲1.5小时，以盐调味即可。

食事

秋分时节，中国一些地区流行吃“秋菜”。秋菜，就是一种野苋菜，有些地方称之为“秋碧蒿”。秋分一到，家家户户会采秋菜，与鱼片一起炖汤，叫做“秋汤”。“秋汤灌脏，洗涤肝肠。阖家老少，平安健康。”

这一时节，云南蒙自的石榴熟了。成熟的石榴果皮薄到像随时会迸开，露出玛瑙般的粒粒果肉。石榴多子，所以中国人把石榴视作多子多福的象征。

秋季的饮食重在益肺润燥，应多吃清润的食物，如芝麻、核桃、糯米、蜂蜜、乳品、梨等，可以起到滋阴润肺、养阴生津的作用。尽量少食葱、姜等辛味之物。广东民间历来秋日最多润养的汤水，最是合秋日时宜，如雪梨玉竹百合猪瘦肉汤、青萝卜陈皮鸭汤、无花果白鲫汤等都是养阴润燥的时令汤品。

花信

秋分时节，江南的桂花便开了，香气甜甜暖暖的，浓得化不开。桂花分为金桂、银桂、丹桂、四季桂。其中金桂开花为金黄，银桂为乳白，丹桂为橙红，味道偏苦，都在秋季开花。四季桂为乳黄色，四季开花，香气相对寡淡一些。位于西湖南高峰山谷中的满觉陇，溪水边山崖下共植有7000多株桂花，每到秋季，桂花满山开。偶遇风急，飘下点点桂花瓣，这

花材：桂花　花器：晓月香插　事花人、摄影：殷若衿

便是“满陇桂雨”了。

“桂子月中落，天香云外飘。”月圆夜，插上一枝桂花，一阵凉风拂过，飘洒下一两点花瓣，竟有几分诗中的曼妙境界。

茶事

秋分时节，秋高气爽，此时铁观音也到了最佳品饮季节。铁观音原产于福建泉州市安溪县西坪镇，“铁观音”既是茶名，也是茶树品种名，独具“观音韵”，冲泡后有清新幽雅的兰花香。

× 桂花红茶

桂花飘香的季节，可以金桂花窨制的红茶来品饮。桂花性温，正合秋分时令的身体需求。沸水落下去，立刻激起桂花的甜香和红茶的果香，两种香气融合，满齿芬芳，以嗅觉和味觉感受时节之美。

香事

秋分，临近传统中秋节，是人们赏月的时节，令人想起苏轼的《水调歌头》。可在月下熏一款苏东坡的传世名香“东坡闻思香”，望月怀古，抒臆胸怀。苏东坡不但是北宋著名词人、文学家、书法家、画家、美食家，也是历史上著名的合香高手、香论大家。“东坡闻思香”便是其传世的著名香品之一。苏轼一生以香为伴，尤其是其在被贬海南时，更是与沉香结下不解之缘。闻思香即是苏轼任杭州知府时制作的，用料考究、配伍严谨，通经开窍、养性安神，香气幽雅。此香品的风格，似乎演绎了苏轼一身才学，经历官场沉浮后，逐渐心胸畅达，达到明月清风、欢喜自在的境界。

秋分节气，昼夜时间相等，养生也应本着阴阳平衡的规律，使机体保持“阴平阳秘”的原则，可进行一些益肺润燥的锻炼，如练吐纳功、叩齿咽津润燥功。

金秋季节时，天高气爽，是开展各种户外运动锻炼的好时机，登山、慢跑、散步、打球、五禽戏、太极拳、八段锦等都是不错选择。同时，可配合“静功”，如站桩、打坐、冥想等等，动静结合，动则强身，静以养心。

PART 05
寒露

寒露，袅袅凉风动，凄凄寒露零。

天高云淡，月朗星稀。草色多寒露，虫声似故乡。

清秋无限恨，残菊过重阳。

四川海螺沟

寒露，季秋时节的开始，在公历10月8日左右，此时太阳抵达黄经195°，大致对应戌月（寒露、霜降两个节气）。《月令七十二候集解》说："九月节。露气寒冷，将凝结也。"《二十四节气解》上说："露水先白而后寒"。寒露的意思是气温比白露时更低，地面的露水更冷，快要凝结成霜了。

整个秋季就是雨收露凝的过程。暑已处，下白露；秋平分，结寒露；霜既降，遂立冬。至而冬天，水气尽消，露霜为雪。

《月令七十二候集解》中说寒露三候，一候鸿雁来宾，二候雀入大水为蛤，三候菊有黄华。一候鸿雁来宾，是说白露时节先南下的鸿雁为主，寒露暮秋时节后南下的鸿雁为宾，意思是到了寒露，迟行的鸿雁也南下了。也有人解释说"宾"为"滨"，意为水边，到寒露时，鸿雁都南下飞往江南的水滨。二候雀入大水为蛤。深秋天寒，雀鸟都不见了，海边出现了很多蛤蜊。三候菊有黄华，是说菊花开始凌寒盛放了。草木多在阳气盛的时节开花，只有菊花开于阴气旺盛的时节。

"袅袅凉风动，凄凄寒露零。"寒露意味着进入晚秋，天地一片萧索。不过，对于北方的农人来说，这是一个丰收的季节，秋熟作物将先后成熟。同时，寒露也是蟹肥菊美的美好时节。

人间寒露

古人有季秋时节拜祭火神的风俗。寒露为季秋的开始，对应九月，也就是戌月。戌月火入库，戌位在西北方处乾卦之内。寒露时节，我们仰望星空，会发现象征夏天的“大火”星（心宿二）在西偏北方位隐退潜入地面。因此人们以此天象为象征，举行相应的送行火神祭仪。

登高“辞青”也是季秋九月风俗之一。九月天气渐凉，草木凋零，登山“辞青”与阳春三月“踏青”相对应。

清蒸大闸蟹

材料：大闸蟹、米醋、姜、紫苏叶、糖、酱油

做法：大闸蟹用刷子刷净，肚皮朝上，放一片姜，一片紫苏。注意不要解开捆蟹的绳子，以免蟹受热挣扎时蟹脚折断，味道流失；将螃蟹放入蒸笼中蒸18-20分钟；姜末先用糖渍一会儿，再加入米醋，最后滴几滴酱油，作为蘸料随蟹盘上桌。

食事

寒露时节，大闸蟹上市了，“赏花吃蟹秋钓边”。大闸蟹大抵起于寒露，止于立冬。“九雌十雄”，意思是说，农历九月的雌蟹堆黄，农历十月的雄蟹膏满，九月的雌蟹和十月的雄蟹是最鲜美的。“九月团脐十月尖，持蟹饮酒菊花天。”过了立冬，大闸蟹就很少见了。如今公认肉质最甜美的大闸蟹，是产于苏南阳澄湖的大闸蟹。江南螃蟹的做法有蒸、煮、酒呛，还可以剔出蟹肉来做蟹粉馄饨，或将小蟹放入酒瓮，过三天取食，称之为“醉蟹”。

在老食客间，吃蟹是颇讲究的事。配蟹的酒最好是黄酒，加一点姜丝，烫热，更解蟹之寒凉。更考究的，吃完蟹，还可以煮一些紫苏加红糖，喝上一杯，也可以解寒暖胃。配蟹的醋，上海人一般用米醋，加姜末、糖和酱油。姜末要先用糖渍一会儿，再加入米醋，最后滴几滴酱油来增加味道的层次感；江浙一带的人则惯于沾熟镇江醋，同样也在醋中放细糖与姜末；港式的吃法则是用红醋，放入细糖与姜末。好的食材就要配好的佐料，马虎不得。

大闸蟹虽好吃，但属寒凉，不可多食。

寒露也是板栗收获的季节。中医有个有趣理论，叫“以形补形”，剥壳的板栗形似肾脏，所以又称“肾之果”，可补肾虚。北方的板栗肉质偏糯一些，适合做成糖炒栗子。南方的板栗肉质偏粳性，适合做菜，所以又称为菜栗，煲汤时放入几枚，汤汁都甘甜起来。也可以把栗子碾碎，与糯米一起煮粥喝，甘美清香，和胃健脾，补肾强筋。

寒露时节，多凉燥，饮食养生应在平衡五味基础上，根据个人体质，适当多食温、甘、淡、滋润的食品，既可补脾胃，又能养肺润肠。可食梨、柿、香蕉、哈密瓜、苹果、胡萝卜、冬瓜、藕、银耳、芝麻、核桃、萝卜、番茄、牛奶、百合等。

天气寒凉，早餐最好吃温食，热粥最适宜，粳米、糯米均有极好的健脾胃、补中气的作用，如甘蔗粥、玉竹粥、沙参粥、生地粥、黄精粥等。养生汤水宜以润肺生津、健脾益胃为主，如红萝卜无花果煲生鱼、太子参麦冬雪梨煲猪瘦肉、白菜蜜枣煲羊肺、椰子淮山杞子煲鸡等。

※ 花材：菊、红花檵木　花器：霁蓝釉柳叶瓶　事花人、摄影：李峙毅

花信

寒露三候，菊始黄华。“采菊东篱下，悠然见南山。”由魏晋陶渊明开始，菊花被视为花中隐逸者。屈原的《离骚》中有“朝饮木兰之堕露兮，夕餐秋菊之落英”。唐孟浩然《过故人庄》中说：“待到重阳日，还来就菊花。”宋代以前，菊花多被中国人视为药材和食物。又因菊花在九月开放，所以人们把九月称“菊月”。旧时，人们认为农历九月初九重阳节这一天采的菊花最有意义，纷纷做菊花茶，泡菊花酒，吃菊花糕，用菊花沐浴。明代，赏菊成为文人雅士深秋时节的怡情雅事。

寒露时节，插一瓶菊花于案上，仿佛已然可见心中的悠然南山。

茶事

寒露时节，天气渐渐寒凉，正当季秋，人易陷入悲愁情绪，可以在午后品饮一杯武夷岩茶，以武夷岩茶特有的炭焙茶汤暖身，以武夷岩茶的岩骨花香愉心。

武夷岩茶属于半发酵茶，因为武夷山茶产区大多在岩石山岭的脚下，被雨水冲刷下的矿物质滋养的茶叶有着特别的“岩韵”，是所谓“岩骨花香”。武夷岩茶四大名枞，是指大红袍、水金龟、铁罗汉、白鸡冠，近年水仙与肉桂也各有拥趸，其中肉桂又根据产区，以“牛肉”(牛栏坑肉桂)和“马肉”(马头岩肉桂)为上品。

╳ 岩茶

香事

天然花香中以桂花香最为甜润，沁人心脾。宋代《陈氏香谱》中记载有六种以桂花为材的香方。《香乘》中记载的一款桂花香，则更适合今人效仿。

冬青子就是女贞子，结子期和桂花花

桂花香

材料：香桂花蕊、冬青子、桂花

做法：将桂蕊放入，捣烂去汁，加冬青子，亦捣烂去汁。存渣和桂花合一处做剂，当风处阴干，用玉片蒸，俨是桂香，甚有幽致。

期差不多。桂花和冬青子在秋天的江南随处可见，方便采撷。冬青子香气劲足清冽，和香可以发香，增加香的扩散力，但在和香比例中不宜过大。桂花香用普通隔火熏香法即可。

寒露过后昼短夜长，自然界的“阳气”开始收敛。早睡可顺应阳气收敛，早起可使肺气得以舒展，因此，秋季养生就要做到“早睡早起”。

常言道：“寒露脚不露。”寒露过后，气温骤冷，不宜光脚也不宜穿夏鞋了。脚在中医中有人体的第二心脏之说，离人体的心脏最远，负担最重，因此这里的血液循环状态，对身体健康的影响十分重要。中国人常说，脚暖和了，浑身就暖和了。寒露时节每晚用热水泡脚，可促进全身血液循环，疏通经络，缓解疲劳，帮助睡眠。

PART 06
霜降

霜降日，气肃而凝，露结成霜。

醉人枫红与桐黄。

寒烟暮雨，百草尽谢。天凉好个秋，记得添衣。

※ 四川九寨沟 摄影：周琳

霜降，秋天最后一个节气，在公历10月23日前后，太阳到达黄经210°。《月令七十二候集解》："九月中，气肃而凝，露结为霜矣"。此时黄河流域千里沃野上，田野菜畦已出现白霜，而江南地区则要到大雪时节才可以见霜。霜降是秋向冬过渡的开始，百草尽谢。

霜，是因秋夜里温度骤降到零度以下，水汽凝结而成的，溪水边，树叶、草木和泥土上，会形成细微的冰针，有的还会凝结成六角形的霜花。人们把秋季出现的第一次霜叫做"早霜"或"初霜"。早霜还有一个美好的名字，叫"菊花霜"，因为此时正是菊花盛开的时节。

霜降的霜对于黄河流域的农人来说是受欢迎的。"霜降见霜，米烂陈仓"，霜降时若有霜把害虫杀死了，来年必有好收成。但许多娇弱的农作物是经不住霜冻的，所以一些农作物的收割是以霜降为候。"霜降不起菜，必定要受害。"霜降，是秋收的尾声，同时也是一些耐寒作物播种的节气，农人称这个时节为"小春"，如蚕豆、油菜等需要在霜降前后及时播种。

《月令七十二候集解》中说霜降三候，一候豺乃祭兽，二候草木黄落，三候蛰虫咸俯。一候豺乃祭兽。豺捕到了野兽后，先一一陈列再食用，仿若祭祀。在七十二物候中出现了"獭祭鱼""鹰祭鸟""豺乃祭兽"，这些说法代表了先民对水里、天上、地上三种环境中居于食物链上方的动物的细致观察。二候草木黄落。秋风萧瑟天气凉，草木摇落露为霜。此时节草木枯黄，落叶满地。三候蛰虫咸俯。"咸俯"意思是垂头不动，准备冬眠的动物开始藏在洞穴，不动不食，以冬眠的形式过冬。

人间霜降

霜降时节，田事结束，农闲开始，人们把生活重心从农耕活动慢慢转移到其他事情上。

秋气肃杀，象征金戈铁马。在古人看来，狩猎也属于杀伐之事，北方许多地方也会从霜降开始举行各种狩猎活动。

在霜降日，明清时期军队还有祭祀军旗和阅兵的习俗，旧时用兵打仗以旗鼓为号令，军旗具有重要的象征意义。在祭祀军旗后的阅兵活动中，骑兵会在马上演出各种惊险特技。

对于古代女子来说，霜降也是捡起女红活儿的日子。清朝同治年间的《河曲县志》描述清代山西河曲县霜降节气的女红场景："衣砧杵之声，邻巷相答，女红缝裳刺绣，灯火夜作。"

古时有"霜降迎女"之说，也就是说霜降之后宜嫁娶。一方面是因为此时人们进入农闲，有时间张罗婚嫁；另一方面，古人认为婚嫁之事放到阴气旺盛的时间更顺应天时。《孔子家语》记载："群生闭藏，于阴而育之始，故圣人因时以合偶男女，穷天数，霜降而妇功成，嫁娶者行焉。"

食事

北方的孩子对深秋的记忆，就是一颗一颗挂在树枝上的红柿子，想起来就馋得慌。霜降，是柿子成熟的季节。无论北到山西晋城，还是南到福建泉州，大江南北都有霜降吃柿子的习俗，老人的说法是霜降吃柿子可以

※ 柿子

预防感冒。柿子性寒，归肺经。《本草纲目》中记载“有健脾涩肠，治嗽止血之功”。

对于陕西富平的人来说，霜降一到，男女老少都开始做柿饼。柿饼是中国人将柿子用去湿工艺制作而成的一种干果，皮很有咬劲，肉质却带着溏心，外韧里嫩，风味绝美。柿子做成干果的好处，一是利于存放，二便是在口感味觉上的另一种蜕变。富平人根据多年的经验发现，霜降以后做的柿饼口感更甜美，挂霜也更多。柿饼外部的那层糖霜，不容小觑，这叫柿霜，是由内部渗出的葡萄糖凝结成的晶体构成，在中医中它可是一个宝，可生津利咽、润肺止咳。柿饼的制作工艺很繁复，从去皮、日晒到放入瓮内生糖霜，需要近一个月时间，能够吃到嘴里大概已是小雪时节了。

✕ 山药莲子猪骨汤

现在机器化的烘干工艺代替了传统日晒步骤，让柿饼可以提早上市，但对于挑剔的食客来说，烘干的柿饼味道总归是少了自然风华与阳光的特别风味。

霜降节气，旧时农村家家户户还会忙着腌冬菜。冬季食品种类少，食物难以保存，中国各地形成了在寒冷冬天到来之前腌制菜蔬和肉蛋的饮食习惯。东北最常见的腌冬菜是腌酸菜，以瓮放置洗净的白菜，上面压一块石头，随着时间赋予的发酵变化，白菜味道会慢慢变酸，格外鲜

山药莲子猪骨汤

材料：莲子、炙芡实、铁棍山药、猪骨、盐

做法：所有材料洗净后，猪骨汆水备用；将所有材料冷水入锅，用文火煲两个小时，最后加盐调味即可。

美。用这种酸菜烹制的汆白肉、酸菜火锅等，是北方人冬天难得的美味菜肴。北京在霜降后也有腌菜的习俗。潘荣陛的《帝京岁时纪胜》载："霜降后腌菜，除瓜茄、芹芥、萝卜、擘（bò）蓝、箭干白、春不老之外，有白菘菜者，名黄芽菜，乃都门之极品，鲜美不减富阳冬笋。"

蔬菜上挂霜，俗称打霜。经过霜打的蔬菜会变得格外甜美，这是植物为了抵御寒冷的奇妙转变。植物中的淀粉会转化为葡萄糖，这样冬天才不易冻坏。如菠菜、冬瓜，萝卜、山药、油菜、葡萄、苹果，霜降时节吃会更甘美。

俗话说："一年补透透，不如补霜降。"霜降也意味着进补的好时节到了。作为秋季最后一个节气，霜降在五行中属土，对应的是脾脏，应以淡补为原则，以养脾胃为主，可以用莲子、山药、芡实、肉类、太子参等食材来煲汤，抓住一年最好的进补时机。

花事

霜降时节，凌霜盛放的花不止有菊，还有木芙蓉。木芙蓉为锦葵科花木，开在风霜中，不畏寒霜，又被称为"拒霜花"。这种傲霜品质，使得木芙蓉与东篱菊花一样，被文人雅士引为骨骼清高的君子。苏轼《陈述古拒霜花》诗云："千林扫作一番黄，只有芙蓉独自芳。唤作拒霜知未称，细思却是最宜霜。"杨万里《戏咏陈氏女剪彩花二绝句·拒霜》诗云："染露金风里，宜霜玉水滨。莫嫌开最晚，元自不争春。"

"停车坐爱枫林晚，霜叶红于二月花。"霜降时分，枫树、乌柏、槭

✕ 花材：槭树枝　事花人、摄影：般若衿

树、柿子树等树木经霜后开始转为火红色。霜降是一年之中最适宜游赏的节气之一。霜降时节到郊外看红枫，是古人深秋的雅兴之举。此时，北京香山落叶铺金，万山红遍。苏州的赏枫胜地天平山倒还没有到层林尽染的最美季节，大概要等到小雪时分了。

霜降时分，江南的槭树倒是先一步红透了，采撷一枝插入瓶中，把深秋的枯寂之美带进书房。

茶事

霜降时节天气寒冷，可以喝上一杯生津甘润、花香怡人的凤凰单丛。凤凰单丛被誉为“茶中香水”，产于广东凤凰镇，因凤凰山而得名。为了提高茶叶品质，凤凰单丛实行单株采摘、单株制茶方法，将优异单株分离培植，并冠以树名，故称凤凰单丛。凤凰单丛的香型十分丰富，可大体划分为肉桂香、桂花香、黄栀香、玉兰香、芝兰香、蜜兰香、杏仁香、茉莉香等十大香型，花香馥郁，滋味鲜爽，润喉回甘，有独特的山韵，一杯入肠，心情豁然开朗。

凤凰单丛

╳ 佛手

香事

霜降时节，在书案或卧室摆上一盘佛手，以天然芸香科果物的芬芳，来为书房、卧室增添令人安宁愉悦的禅静清香。

佛手有种特别提神的气味。宋以来，文人雅士们开始风行摆果闻香，明清尤盛，甚至有取代了焚香的趋势。起初，宋人只是往床帐里放置香橼这类柑橘属的果子，后来则流行盛在盘中闻香。《长物志》中说香橼这类果子“香气馥烈，吴人最尚以磁盆盛供”。《红楼梦》里写探春的秋爽斋，紫檀架上放着大观窑的大盘，盘内盛着的是几十个娇黄玲珑的佛手。

霜降时节是秋冬气候的转折点，也是阳气由收到藏的过渡，养生关键应注意做到“外御寒、内清热”。要注意添加衣服，特别要注意脚部和胃部保暖，最好养成睡前用热水泡脚的习惯。

第五章

冬藏

从立冬、小雪、大雪，到冬至、小寒、大寒，是中国二十四节气太阳历法中的“冬天”，是生机潜伏、万物蛰藏的时令。此时，北方水寒成冰，草木萧肃，动物冬眠蛰伏。

冬季，早睡晚起，守避寒冷，求取温暖。于一年事务中，冬天也是适宜休养生息，为一年的成果做最后的总结，并以焕然一新的状态迎接新年的时节。

图虫创意 / Adobe Stock

PART 01
立冬

立冬日，万物始藏。

北国山月苍凉，雁声入梦，冻笔新诗懒写，寒炉美酒时温。

江南风和日丽，良辰小阳春。

× 苏州东山红橘　摄影：七月

立冬，冬天的开始，在公历11月7日或8日，此时太阳落在黄经225°，斗柄指向西北。立冬是孟冬的开始。《月令七十二候集解》中说：“立，建始也”，又说：“冬，终也，万物收藏也。”

《月令七十二候集解》说立冬三候，一候水始冰，二候地始冻，三候雉入大水为蜃。一候水始冰。这时候水面初凝，冰尚未坚；二候地始冻，是说土地也开始冻结，尚未坼裂；三候雉入大水为蜃。雉是指野鸡类的大鸟，蜃为大蛤。关于蜃，中国人有一个美丽的传说，说“蜃能吐气幻化出楼台”，是“海市蜃楼”的由来。把一种大气中光线折射出来的现象，想象成蜃吐气幻化而成的景象，可见中国古人的浪漫想象力。和寒露时“雀入大水为蛤”一样，雉入大水为蜃，是古代中国人的古老世界观，认为野鸡一类的大鸟躲到海里，化为了大蛤。

立冬时节，北方开始拉开冬日的序幕，天寒地冻，万物潜藏。而在江南则是一片和暖温煦的景象，正所谓“八月暖九月温，十月还有小阳春”。立冬至小雪之间的十月，江浙地区会出现如同三月一样的和煦天气，以致一些果树误以为春天到来，二度开花，被称为“十月小阳春”。

人间立冬

立冬，是由秋入冬的转折期。此时秋粮入仓，农耕结束，百工歇业，人们开始酬谢神灵，庆祝丰收。同时天气渐寒，人们开始筹备过冬物资。

立冬是八节之一，与立春、立夏、立秋合称四立。古代天子会在“四立”日带领群臣迎接相应的四季神明。冬，为水德，方位属北，颜色属黑，所以皇帝和文武百官会穿着黑衣，佩戴玄玉，出北郊迎冬，礼毕返回，赐群臣冬衣，矜恤孤寡，以安社稷。至于天子祭拜的神明，一是三皇五帝中的颛顼，颛顼代表的是北方、黑色和水；二是冬神，据说名禺强，字玄冥，人面鸟身，耳朵上挂着两条青蛇；三是北方辰星。《礼记·月令》："（孟冬、仲冬、季冬之月）其帝颛顼，其神玄冥。"《后汉书·祭祀志中》："立冬之日，迎冬于北郊，祭黑帝玄冥，车旗服饰皆黑，歌玄冥……"《唐六典》中记载："立冬之日祀黑帝于北郊，以颛顼配焉，其玄冥氏、辰星及北方三辰七宿并从祀。"南宋吴自牧《梦粱录》卷六记载："立冬日，朝廷差官祀神州地祇、天神太乙。"天神太乙即是北极星君。象征冬日盛德的是玄武，玄是龟，武是蛇。唐长安城北门为玄武门，历史上著名的玄武门之变，就发生在这里。宋代汴京北门是拱宸门，"宸"即是北极星所在的方位。中国古代五行观念贯穿于神学、仪轨、建筑各个体系，仔细挖掘，十分有趣。

立冬时节，人们开始更换冬装，古时，皇帝还会在立冬日给臣子"赐袄""赐帽"。大家换上新冬衣，相互"拜冬"，互道冬安。

绍兴人会在立冬之日开始酿黄酒。冬季水体清冽、气温低，可有效抑制杂菌繁育，又能使酒在长时间的低温发酵过程中酝酿出绝佳风味，是酿酒的最佳季节。因此绍兴人把从立冬开始到第二年立春这段最适合做黄酒的时间称为"冬酿"。

在北方，因为古代没有现代大棚种植技术和便利的交通，冬日的蔬果极其匮乏，从立冬开始，人们就需要将新鲜蔬菜窖藏，为漫长的冬天做准备。北宋孟元老《东京梦华录》记载："是月立冬，前五日，西御园进冬菜。京师地寒、冬月无蔬菜，上至宫禁，下及民间，一时收藏，以充一冬食用，于是车载马驮，充塞道路。"清代李光庭《乡言解颐》中记载："立冬出白菜，家有隙地，掘深数尺，用横梁覆以柴土，上留门以贮菜，草帘盖之。俗以豆腐为白虎，白菜为青龙，遂以青龙入洞。梯以出入，不冻不腐，此乡村之法也。”直到20世纪80年代，北方家家户户依然会在院子里设地窖，每年立冬前后会放“秋假”，千儿八百斤白菜被一卡车一卡车运来，大人小孩儿一起奔忙抢购白菜，然后把白菜整齐地排列存放在自家的地窖里。这便是一个冬天的蔬菜储备了。

冬天在五行属水，古时朝廷还会在冬天组织百姓大修水利工程，既可利用农人的农闲时间，又不违农时。

古代乡间，立冬还有一个风俗——为穷苦农人家的孩子设立“冬学堂”。在乡间，富庶人家子弟是设立私塾的，而穷人家农耕活儿繁重，人手不够，需要孩子来帮手，因此孩子们往往没有时间去接受教育。到了农闲时，“冬学堂”从立冬开始，到腊月十五结束，学期有三四个月的时间。冬学堂的教育使乡人子弟不会成为目不识丁的文盲。

过去在立冬日，河南、江苏、浙江一带民间还有用各种香草、菊花、金银花煎汤沐浴的活动，称为“扫疥”，以保证身体健康。民初胡德编著的《沪谚外编》记载：“立冬日，以菊花、金银花、香草，煎汤沐浴，曰扫疥。”

食事

中国地大物博，各地形成了不同风情的立冬日饮食习俗。“立冬日吃饺子”，是北方大部分地区的习俗。饺子源于“交子之时”的说法。大年三十是阴历旧年和新年之交，要吃饺子，立冬则是秋冬季节之交，也要吃饺

姜母鸭

子。在天津河东“老天津卫”聚居地，人们会在立冬日吃倭瓜馅的饺子。倭瓜又称番瓜、北瓜，是北方一种常见的蔬菜，夏天收获，存放在小屋里或者窗台上，经过长时间糖化，在立冬这天做成饺子馅，蘸醋配蒜吃，别有一番滋味。

北京人在立冬还会吃荞面。清代让廉《京都风俗志》说：“十一月立冬日，或有食荞面等物，谓能益人。”配上两碟现腌现吃的大白菜、萝卜或小黄瓜，拌上麻油和醋，吃起来十分爽口。

姜母鸭

材料：鸭肉、老姜、当归、川芎、黄芪、人参须、枸杞、龙眼、白芝麻、盐

做法：将老姜拍松切成厚片；炒锅开中火，干锅下鸭肉，等鸭皮慢慢煎出油，倒入姜片翻炒一会儿，让鸭油吸入老姜中；盖上盖子焖一到两分钟，让两者味道更融合，然后倒入米酒，量差不多没过鸭肉；放上当归、川芎、黄芪、人参须几味中药材，再加一点枸杞、龙眼和白芝麻，中小火慢炖半小时至1小时即可。

山西、陕西一带在立冬日流行吃糕，有炸糕、煎糕。糕是用小黄米和黍子面做成的，俗话说“三十里莜面四十里糕”。

在福建的闽南地区，人们也会在立冬日用糯米、白糖、花生粉等做麻糍糕。漳州的乡村人家要舂“交冬糍”庆祝好收成。糯米蒸熟后倒入石臼，舂得韧韧的、黏黏的，揪成乒乓球大小，细细地揉成团；花生米炒香，磨细，与白糖拌在一起。做好的小糍粑滚上白糖花生粉，摆放在大海碗里。吃的时候用筷子一口气串上几粒，就像拨浪鼓，所以也叫“拨浪糍”。做好“交冬糍”，得先敬一敬土地神，感谢他的慷慨给予。

一立冬，老南京人就张罗着吃生葱。南京有句谚语：“一日半根葱，入冬腿带风。”南京冬季湿寒，按老人的讲法，葱性温味辛，能发散让人出汗，阳气运行便通畅了，病邪也就随汗被祛除。苏州立冬的传统饮食风俗是吃咸肉菜饭，说是可以保护牙齿。无锡人在立冬这天则流行吃团子。

潮汕人讲究在立冬吃甘蔗。甘蔗能成为“补冬”的食物之一，是因为民间素来有“立冬食蔗齿不痛”的说法，意思是立冬的甘蔗已经成熟，吃了不上火，这个时候“食蔗”既可以保护牙齿，还可以起到滋补的功效。潮汕人在立冬日还会吃莲子、蘑菇、板栗、虾仁、红萝卜一起炒的炒香饭。

许多地方还有“立冬进补”的习俗。“三九补一冬，来年无病痛。”经过夏天、秋天的虚耗，人体需要滋补。冬天是敛气藏精的时节，温补肾阳、补益气血也是保持手足温暖的关键。中国传统冬补的饮食名目繁多，有四物汤、八珍汤，最全面的则是十全大补方。旧时各家药铺都会在此时挂出招贴告示。老百姓也会在立冬这一天吃用中药炖过的羊肉，喝羊肉汤来补冬。

在台湾，立冬日街头的“羊肉炉”“姜母鸭”等冬令进补餐厅高朋满座。许多家庭还会炖麻油鸡、四物鸡来补充能量。闽中地区的家家户户要熬制草根汤，将山白芷根、盐肤木根、山苍子根、地稔根等剁成片，下锅熬煮出浓浓的草根汤后，捞去根块，再加入鸡、鸭、兔肉或猪蹄、猪肚等熬制。草根品种众多，配方也多种多样，但都躲不开补肾、健胃、强腰膝的功能。

我国幅员辽阔，同属冬令，气候条件迥然有别。北方天寒易伤阳气，冬季可多吃羊肉、海参、牛肉、桂圆、大枣、栗子等温热护阳的食物来御寒保暖，养护阳气。而长江以南虽已入冬，天气却还温和，进补应清补甘温之味，如鸡、鸭、鱼等。

从立冬开始，多食黑米、黑豆、黑芝麻、黑枣、黑木耳、桑葚干、黑枸杞、海带、紫菜等食物，可以滋养肾阴。饮食上也可适当增咸滋肾阴，但不宜过度。

“一年好景君须记，正是橙黄橘绿时。”立冬时节，江南的橘子成熟了。苏州的东山、西山，点点金黄的橘子坠满枝头。洞庭红橘是旧苏州的传统品种。旧年，苏州人到亲戚朋友家里拜年时都要准备一篮子红橘作为新春礼物。橘字的谐音是“吉”，寓意吉祥。

花事

立冬时节，草木萧瑟，可以入花瓶的花草寥寥，幸有南天竹的串串红果，像点点朱砂，给枯寂冬日增添一抹亮色。南天竹可以独插于白瓷花瓶中，可与槭叶为友，初冬的案几上也就热闹了。

※ 花材：槭树枝、南天竹　花器：白瓷贯耳瓶　事花人、摄影：殷若衿

茶事

立冬时节，台湾冻顶乌龙的冬季茶上市了。品饮一杯冻顶乌龙，以幽兰花香打开冬天。

台湾冻顶乌龙茶分春、冬两季，春茶清香，冬茶浓香，皆有幽兰之韵，以浓醇韵显为特征。五六月，茶园有成群的小绿叶蝉来吸食，茶芽卷曲，制作后有独特的蜜香，为冻顶乌龙茶的逸品。遵循传统制作的彰雅冻顶山冻顶乌龙茶以文火精焙，茶汤颜色蜜黄、橙黄，味浓醇且爽口，呈现独特的“种仔韵”，“甘润凉喉、微蜜蔗甜糯米香与酯韵”，被老茶客认作是“正冻顶韵”。

冻顶乌龙

荀令十里香

材料：丁香半两多，檀香一两，甘松一两，零陵香一两，生龙脑少许，茴香五分略炒。又有歌曰：甘松灵陵檀一两，更有丁香半两强，半两盐茴微炒黄，龙脑少许十里香。

制法：将一众材料打成粉末，用纱囊盛装随身佩戴。

香事

秋冬之交，可燃一款荀令十里香来醒脾健胃。

荀令十里香是佩戴香方中最有名气的一款香方，熏时药香淡雅，带着微微的花香，佩戴时因有檀香的奶味和辛辣气息，而自有风骨，衣带留香。丁香温中暖肾，甘松醒脾健胃，零陵香祛风寒、辟秽浊，茴香健胃理气，几味中草药共奏醒脾健胃之功效，非常适合立冬时节在房间作为日常熏香。

在古代先哲眼里，冬天意味着天地不交，闭塞不通，“天地闭，贤人隐。”人们多注意收藏、低调、内敛，所以冬季养生重在一个“藏”字，动物以冬眠的方式积蓄能量，人也一样。俗话说：“药补不如食补，食补不如睡补。”冬日需要保证充足睡眠，不要熬夜。“藏”字还在于把多余的欲望和情感收藏起来，踏踏实实把一年的工作好好做一个收尾。

PART 02

小雪

小雪日，雨遇寒而凝雪，落土即融。

围炉夜话，煮酒烹茶。

晚来天欲雪，能饮一杯无。

✕ 西湖

小雪，冬季的第二个节气，在公历11月22日或23日，太阳到达黄道240°。《月令七十二候集解》说："十月中，雨下而为寒气所薄，故凝而为雪。小者未盛之辞。"古籍《群芳谱》则说："小雪气寒而将雪矣，地寒未甚而雪未大也。"大体就是此时降雨遇寒冷空气凝固成雪，但还未成气候，落地即融。

"小雪封地，大雪封船。"小雪节气和黄河流域的初雪期比较一致，此时北方人已经迎来第一场初雪了，而江南人则浸淫在连绵不绝的阴雨中，感受着冬季的湿冷。

《诗经》中有"相彼雨雪，先集维霰"的诗句。霰，就是我们常说的雪籽儿、软雹子、雪豆子。小雪的第一场雪往往就是"霰"，白白的小颗粒，落地即融，只会在衣服、袖子上耽搁一会儿。

《月令七十二候集解》中说小雪三候，一候虹藏不见，二候天气上升，地气下降，三候闭塞而成冬。一候虹藏不见，是相对应清明的"虹始见"来说的。古人认为阴阳交泰才会有虹，小雪时阴气盛而阳气伏，所以彩虹也藏伏起来了。二候天空中的阳气上升，地中的阴气下降，天地之气各归其位，导致阴阳不交，万物寂然。三候天地闭塞而转入严寒的冬天。

唐代戴叔伦在《小雪》诗中说："花雪随风不厌看，更多还肯失林峦。愁人正在书窗下，一片飞来一片寒。"黄庭坚《次韵张秘校喜雪三首其一》诗说："满城楼观玉阑干，小雪晴时不共寒。润到竹根肥腊笋，暖开蔬甲助春盘。"小雪时节带给人间的是细雪的浪漫和微微的寒凉，以及端上桌的冬笋时鲜。

"小雪雪满山，来岁必丰年。"对于农人来说，小雪的雪是极其珍贵的，预兆来年的好收成。

人间小雪

中国地域广阔，各地都有腌菜的习俗，因为入冬的时间不同，腌菜的时间也从北往南推移。东北在霜降时节就开始腌酸菜了，北京腌藏寒菜则是在立冬前后。小雪时节，江南的家家户户也开始腌寒菜了，院子里、墙头上、晾衣绳上、栏杆上，全是摊开来洗净的青菜。这样晒上几天，等菜蔫了，再把去年腌菜的大缸搬出来，刷洗干净，把菜一层层码进去，一层菜，一层盐，最后压上一块大青石，咸菜就算腌好了。过十天半个月，咸菜就可以取出，切丝上桌了，和粥一起吃特别爽口。除了腌寒菜，江南人还有把糯米炒熟了，贮存起来，在寒冬时用开水冲泡吃的习俗。

※ 萝卜

萝卜炖羊肉

材料：白萝卜、羊肉、盐、花椒、葱、姜、香菜、料酒、胡椒粉

做法：羊肉洗净切块，白萝卜切块；葱姜切片，香菜切段；把白萝卜放入碗中，加盐腌渍10分钟；羊肉氽水，撇去浮沫，捞出备用；白萝卜焯水备用；热锅起油，放入花椒、葱、姜爆香，加入料酒、清水、盐、胡椒粉，放入羊肉块，炖15分钟；最后加入白萝卜，炖10分钟，出锅装盘，撒上香菜即可。

食事

小雪时，乌鱼、旗鱼、沙鱼群会来到台湾海峡。台湾中南部海边的渔民们就会开始捕鱼、晒鱼干。

俗语说，“冬吃萝卜夏吃姜”。小雪时节，萝卜正当时。中国民间称萝卜是“小人参”。李时珍劝人吃萝卜：“熟食甘似芋，生吃脆如梨，老病消凝滞，奇功真品题。”对于气郁的人来说，萝卜煮水最顺气。

北京有种萝卜，叫“心里美”，有绿皮红心儿，也有绿皮白心儿，红心儿的切开后紫红色的穰艳丽如花。清代植物学家吴其浚动情地描述：“琼瑶一片，嚼如冷雪，齿鸣未已，从热俱平”。也有红皮品种的萝卜，略小，被称为“水萝卜”，也叫“扬花萝卜”，生吃也极水嫩。汪曾祺先生喜欢用小红水萝卜连皮切成细丝，加糖略腌后装盘，然后浇以酱油、香油和醋，与少量海蜇丝拌则尤佳。

中国各地还有将萝卜晒成萝卜干来吃的习俗，各有不同的章法，各有不同的地方风情，一个不起眼的萝卜干就可以延展出丰富的饮食风情画卷。

花事

秋冬里会结出累累硕果的植物格外讨喜。小雪时节，火棘开始结出一串串火红的果实，火艳艳一团簇立在庭院里，红果子自然散落在地面上，远看连缀成一片红霞，令人倍觉惊艳。此时可插一大捧繁茂的火棘在陶瓷罐中，放入厅堂庭院，为萧索的冬季增添暖色。

※ 花材：火棘、鹅掌柴　花器：双喜罐　事花人、摄影：殷若衿

正山小种

茶事

小雪时节，天气日益寒冷，此时可以选择喝一些红茶，如滇红、祁红、正山小种等。红茶属于全发酵茶，呈现馥郁的花果香，冬日品饮可祛寒暖胃，助温补益肾。正山小种，产自武夷山桐木关，是世界上最早的红茶，茶叶是用松针或松柴熏制而成，形成独特的桂圆香味。小雪时节，一杯正山小种入口，顿觉浑身浸润在暖意与花果香气中，驱散冬日的寒冷。

香事

小雪意味着冬日渐深，养生注重早睡晚起，助阳之藏，可点一款宋方“不下阁新香”，来作为日常香品。

汪宗臣《冲陶山中》有诗云：“侵床绿意多，过牖松花落。草堂一编诗，送客不下阁。”“不下阁”意指不出门。作者沉醉于诗中不愿意出门送客，此香以“不下阁”为名，可以想见香气多么令人心醉神迷，以至于闻者都不愿出门了，不是正应和了冬日深居简出的“冬藏”乐趣吗？

不下阁新香

材料：栈香（沉香的一种）一两、丁香一钱、檀香一钱、降真香一钱、甲香一字、苏合油半字、白芨粉四钱

制法：香粉混合后加入苏合油，搅拌均匀后加白芨粉，和成香团，制成线香。

小雪为孟冬时节。冬天五脏对应的是肾，可以利用这个时机好好补益肾阳。在中国，冬天晒太阳，有个专用的词，叫“负暄”。白居易《负冬日》诗曰：“杲杲冬日出，照我屋南隅。负暄闭目坐，和气生肌肤。”可以找个避风向南的地方晒晒背。如果没有太阳，可以把双手搓到发热，迅速贴到后背的位置摩擦。经常做这个动作，对补益肾气也很有帮助。

PART 03
大雪

大雪日，山舞银河，千鸟绝痕。

冬腊风腌，蓄以御寒。

夜深知雪重，时闻折竹声。

⤫ 四川木格措　摄影：周琳

大雪，仲冬第一个节气，在公历12月7日或8日，其时太阳到达黄经255°。《月令七十二候集解》说：“至此而雪盛也。”在二十四节气中表示渐进的节气有三对，分别是小暑与大暑，小雪与大雪，小寒与大寒。大雪，顾名思义，是雪势比小雪更大了。这个雪势，在北方往往意味着出现了大面积的积雪。

《月令七十二候集解》中说大雪三候，一候鹖（hé）鴠（dàn）不鸣，二候虎始交，三候荔挺出。一候鹖鴠不鸣。鹖鴠是一种体型比较大的鸟，又被称为寒号鸟，会在寒冷的天气昼夜鸣叫不已。学者认为古人所说的寒号鸟其实是复齿鼯鼠，有宽大的飞膜，善于滑翔，古人便错以为它是鸟类。大雪时节连寒号鸟都感知到了阴气之极，去避寒了，不再鸣叫。二候虎始交。这时是阴气最盛时期，所谓盛极而衰，阳气已有所萌动，老虎开始有求偶行为。三候荔挺出。“荔”又被称为马蔺，感到阳气的萌动而抽出新芽。

大雪时节，北方是“千里冰封，万里雪飘”的恢宏景观，南方也有“漫天柳絮，轻舞梨花”的浪漫图景。

瑞雪兆丰年。对于农人来说，大雪预示着来年的丰收。一是因为下雪可以冻死一些病菌和蝗虫之类的害虫卵，来年农作物可以减轻虫害；二是积雪有保暖作用，防止小麦等作物被低温冻坏；三是小雪带来一定肥力和水分，使土壤变得更肥沃。

白居易《夜雪》诗云：“夜深知雪重，时闻折竹声。”宋代白玉蟾在《雪窗》诗里说：“素壁青灯暗，红炉夜火深。雪花窗外白，一片岁寒心。”雪日在文人心中，是一幅清寂图景。

人间大雪

《红楼梦》里描述雪日，是“琉璃世界白雪红梅”，贾母和宝玉、小姐们会披上裘毛斗篷，撑着竹伞，成群结伴赏雪吟诗，侍女会装暖阁，熨寒衣，挂棉帘，手炉、脚炉与汤婆子一应俱全，这是旧日富贵人家度过大雪日的样貌。普通人家此时也会烧一盆火在屋里，可以围炉煨芋，爆栗烤薯。

下雪天，小孩子最开心，可以在雪地里撒欢儿，堆雪人、打雪仗。雪天无论对古人还是今人，都是浪漫美好的时节。

中国文人赏雪最经典的情境，莫过于张岱的《湖心亭看雪》：“崇祯五年十二月，余住西湖。大雪三日，湖中人鸟声俱绝。是日更定矣，余拏一小舟，拥毳衣炉火，独往湖心亭看雪。雾凇沆砀，天与云与山与水，上下一白。湖上影子，惟长堤一痕、湖心亭一点，与余舟一芥、舟中人两三粒而已……”

食事

大雪寒气侵体，中国人顺应天时之理，常以热粥或热酒暖身，羊肉腌肉进补御寒，来安然度过寒冷时节。

“小雪腌菜，大雪腌肉。”在江南地区，大雪节气一到，家家户户开始忙着腌制“咸货”。将大盐加八角、桂皮、花椒、白糖等入锅炒熟，待炒过的花椒盐凉透后，涂抹在鱼、肉和鸡鸭等内外，反复揉搓，直到肉色由鲜转暗，表面有液体渗出时，再把肉连剩下的盐放进缸内，用石头压住，放在阴凉背光的地方。半月后取出，将腌出的卤汁入锅加水烧开，撇去浮沫，放入晾干的肉，一层层码在缸内，倒入盐卤，再压上大石头。10日后取出，挂在朝阳的屋檐下晾晒干，香喷喷的腌肉就做好了。

“冬日荸荠赛雪梨。”大雪节气前后，苏州的荸荠上市了。荸荠是苏州的水八仙之一，可蔬可果，又名马蹄、水栗等。荸荠略寒，可以清热生津、化湿祛痰、清热凉血。北方人管荸荠叫“江南人参”。从前苏州的荸荠卖到北京，老北京人吃了盛赞“天津鸭儿梨不如苏州大荸荠”。新鲜的荸荠只有生吃才最不辜负天然的鲜美，剥了皮，咬一口，一股甘美的汁水，盈满口腔。江南人家也会把荸荠放在筐里，挂在屋檐间，慢慢变成风干荸荠，外皮虽有些皱巴巴，却是鲁迅先生的大爱。大雪时节煮一壶甘蔗荸荠糖水，可滋阴润肺、缓解燥邪。

甘蔗荸荠糖水

材料：荸荠、甘蔗

做法：甘蔗洗净切段，荸荠剥皮洗净，一起放入锅内，加足量水，大火煮开，转小火煮1小时，取汁饮用。

花事

大雪时节，可以选用冬日的荻花，来插一盘立花，小景寄意千里，置于书房，犹如见到冬日太湖畔的萧萧草木景致。

※ 花材：荻花、南天竹 花器：陶皿 事花人、摄影：殷若衿

茶事

古代文人雅士会在寒冬中静候一场大雪，只为“冬来扫雪烹茶”。古人认为，雪聚清气，可助茶味，因此，雪水烹茶被视为风雅事。明代高濂在《扫雪烹茶玩画》里说 :“茶以雪烹，味更清冽，所为半天河水是也。不受尘垢，幽人啜此，足以破寒。”《红楼梦》中宝玉作《冬夜即事》称 :“却喜侍儿知试茗，扫将新雪及时烹。”妙玉更是讲究得紧，将古人誉为“天泉”的雨水和梅花上收集的雪水盛于花瓷“鬼脸青”中澄清，足足埋于地下5年之久，以便用于泡茶。只是太过珍贵，平日里自己都不舍得拿出来烹茶，单是觉与黛玉、宝钗二人投机，方拿出来共饮。

古时空气没有污染，雨水、雪水都很洁净，如今的雪水大概不堪煮茶了。但大雪时节，我们可以用红泥炭炉，取菊花炭或榄核炭生火，和三两

红泥炉

雪中春泛

材料：龙脑二分、麝香半钱、白檀二两、乳香七钱、沉香三钱、寒水石三两

制法：将以上原料研成极细的粉末，用炼蜜和鹅梨汁调和均匀，制成香饼，脱去水分，放置于寒水石末中，用瓷瓶收藏。

好友一起在雪天以山泉水烹普洱熟茶，围炉闲话。茶品，普洱熟茶醇厚的老韵陈香，有疏通经络的力道，几杯下来便会浑身暖烘烘的。余下的炭火还可以烤几只橘子吃，实为大雪时节的一大乐事。

香事

大雪时节，可在书房、卧室或茶席上点一款“雪中春泛”香，以助雅兴。“雪中春泛”香方见于明人周嘉胄的《香乘》，香气如同雪日踏雪嗅梅，沁人心脾的清雅馨香，带着微微的凉意，意境甚妙。

大雪节气，人间进入仲冬。《黄帝内经》中说：“冬三月，此谓闭藏，水冰地坼，无扰乎阳，早卧晚起，必待日光，使志若伏若匿，若有私意，若已有得，去寒就温，无泄皮肤，使气亟夺，此冬气之应，养藏之道也。逆之则伤肾，春为痿厥，奉生者少。”“冬三月，此谓闭藏”是冬季养生主旨，需早睡晚起，藏起情志，并注意保暖。

PART 04
冬至

冬至，一阳生，昼至短，夜至长。

冬至大如年，家家祭祖忙。

寒夜围坐，呵手展笔墨，画九写九，亭前垂柳珍重待春风。

× 南京明孝陵腊梅

冬至是二十四节气中最重要的节气，在公历12月22日前后，太阳到达黄经270°。阴极之至，阳气始生，日南至，日短之至，故曰“冬至”。

二十四节气中，“二至”可能是最早被订立的，其中“冬至”大概比“夏至”略早。大概在五六千年前的良渚祭坛，人们已经观测到冬至这一重要的时间节点。大约公元前7世纪，中国人用土圭观测太阳，观测到影子最长的那一天，定为冬至。周朝时，冬至被看作一年之始，地位相当于现在的农历新年。

冬至这一天，太阳直射南回归线，此时北半球白天最短暂，黑夜最漫长。宋代大儒邵雍留有名句：“冬至子之半，天心无改移。一阳初动处，万物未生时。”冬至交割的那一瞬，也是天心正运的刹那，有如一念不生的极微之间。这个无念真如、无阴也无阳的境界，对道家来说，是最适合以宁静来守护的。

冬至时节，全世界各个古文明都会在神话传说或历法中给予重点标记。在中国，冬至代表“一阳生”，周朝甚至将其视为新年的开始；在古波斯，12月25日是太阳神密特拉（Mithra）的诞辰；罗马神话里的太阳神索尔，生日也是12月25日，这一天也是罗马历书的冬至节。基督徒也认为基督于354年12月25日降生在伯利恒，是为圣诞节的起源。匈牙利的马扎尔人将这一天称为卡拉琼日（Карачун），哈萨克斯坦则将12月25日称为纳尔图甘日（Нартуған）。无论东方还是西方文明，人们都把临近冬至的这几天看作太阳或神明重生的日子。依赖太阳给予能量的人类似乎达成了一种共识，把这一天看作万物重新复苏，播撒新一年希望的开始。

《月令七十二候集解》中说冬至三候，一候蚯蚓结，二候麋角解，三候水泉动。一候蚯蚓结。传说中阴曲阳伸的蚯蚓感受到自然界的阴气，在土地中蜷缩着身体，交结如绳；二候麋角解，是与夏至“一候鹿角解”相对来说的。麋和鹿相似而不同种，古人认为鹿是山兽，属阳；而麋角朝后生，是水泽之兽，性属阴。麋，就是我们所俗称的“四不像”，是中国特有的一种动物，古人视其为吉兽。夏至一阴生，故鹿感阴气而解角；冬至一阳生，故麋感阳气而解角。三候水泉动。秋分时水涸，立冬时冰成，冬至一阳已生，地下泉水灌涌，但未萌动。

“朔旦冬至”，是阴阳合历“十九年七闰”的起计点。“朔旦”，就是初一，是太阴历概念，“冬至”是太阳历概念，每过19年，太阳历的冬至都和太阴历的朔旦重合，这一重要时刻，也被称为“交子”，意为太阳历和太阴历的起计点。距离我们最近的一次“朔旦冬至”，是在2014年的冬至。

中国古人很重视“始”，一年之计在于春，一天之计在于晨，万物有好的开始，就寓意一切发展顺遂。春节，是岁始，立春，是时始。“一天之中，日出之际是日始，一年之中，冬至日起，白昼由短而长，亦可谓日始。”所以冬至也被视为“日始”。人们渐渐形成以冬至日的天气，来预测一年气候与收成的习俗。冬至天气晴好，是被农人希冀欢迎的。民间谚语有“冬至晴，百物成”，“冬至晴，五谷丰”，“冬至晴朗稻年丰”，“冬至天冷雨不断，来年收成无一半”。

1914年，当时的民国政府将阴历元旦定为春节，将端午定为夏节，将中秋定为秋节，将冬至定为冬节。冬至，是四季节日中唯一的节气，但也是目前唯一没有成为法定假日的节日。不过，在澳门特别行政区，冬至是法定公共假日。

人间冬至

“冬至大如年。”周朝把冬至看作新一岁的开始，冬至节相当于现在的春节。中国人用地支纪年，其中冬至所在的月份也被定义为第一个地支，也就是“子”月，这就是为什么子月不在正月，而在冬月（十一月）的历史缘由。直到汉武帝把历法重新改回夏历，将新年定为正月，岁终祭祀才与冬至分开，但冬至依然被称为“亚岁”。

冬至祭天，从远古到清末，一直是国事大礼。北京城南的天坛，就是明成祖迁都北京之后所建，是明清皇帝祭天的地方。古代君王号称“天子”，他们把自己定义为上天的人间代表，依照天神的意志管理人事，因此与天神的沟通是帝王的重要政务之一。天阳地阴，天圆地方，对天地的祭祀应顺应天地阴阳转换的时序，所以在阳气发动的冬至到圜丘祭天，在阴气始生的夏至到方泽祭地，是“天子”们每年的重要工作。《周礼·春官》记述：“以冬日至，致天神人鬼。以夏日至，致地示物鬽。”

冬至日，帝王祭天，民间则祭祖。追溯历史，早在殷代年终大祭“清祀”，便开始有以祭祀祖妣为主，兼祀百神的祭礼，它继承夏朝人十月的年终祭礼大蜡。冬至日临近新年，人们需要在祭祀祖先的仪礼活动中返本归宗，对族群关系进行再确认。这种年终祭祖习俗历代传承。东汉民间，人们在冬至节前数日就开始清洁斋戒，冬至之日以黍米与羊羔祭祀祖宗。宋人在冬至“祭享宗禋，加于常节”（吴自牧《梦粱录》）。明清以后南北民间依然以冬至为祭祖日。“清明扫墓，冬至祭祖”成为通行的民间风俗。清代京城的旗人在冬至祭祖后亲朋围坐，分吃祭过祖宗的“白肉”。“吃白肉”是旗人冬至的特殊传统。

古人善祭，包含古人敬畏自然的“天、地、人”的和谐合一的思想。在古

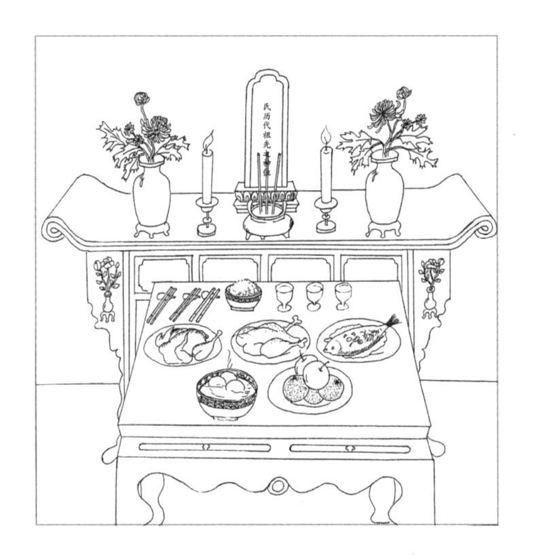

╳ 冬至祭祖　绘者：殷若衿

人看来，芸芸众生是众神和祖先庇佑下的生灵，祭祀是保持与天地沟通的一种方式。

在中国许多古村镇，大的族姓依然保留着宗祠。冬至的祭祖活动一般就在祠堂举行。在一些大户人家，还有专门的房间供奉列祖列宗画像。迪士尼电影《花木兰》生动活泼地呈现了中国的祭祖文化。有许多地方冬至祭祖则是在祖先坟墓前。在潮汕，人们把扫墓叫“过纸”，清明这天扫墓叫“过春纸”。冬至这天扫墓叫“过冬纸”一般来说，前三年要“过春纸”，三年后才能“过冬纸”。

古时，冬至除了祭天、祭祖，还会有

浙江青田地区祭祖的供桌布置和仪轨

冬至祭祖一般在冬至当日中午开始。供桌一到三张，丰俭由人。如果是两张，第一张长案放祖先的牌位或者相片（也有设立三个神龛的，中间的神龛摆放“天地君亲师位”，代表祭天地、祭祖、祭圣贤）。在牌位相片前放上香炉，两旁放烛火台，一侧或者两侧摆放鲜花。第二张八仙桌由内而外，放置酒水杯三只，米饭一碗，筷子三双，三牲（鸡、鸭、鱼）或五牲（加上猪、羊），水果，有馅料的大汤圆，素菜。菜的数量一般为单数。上香时，对祖先陈述名字，请祖先享用丰盛菜肴，也可以向祖先汇报一年的成绩，请祖先庇佑一家人平安吉祥。祭拜过后烧一些金银纸。旧时祭祖还有一套完整的唱词，只是现在会诵念唱词的人已经不多了。

“贺冬”活动。《汉书》中说：“冬至阳气起，君道长，故贺。”人们认为：过了冬至，白昼一天比一天长，阳气回升，是一个节气循环的开始，官府要举行祝贺仪式，称为“贺冬”，此时朝廷会放假，朝臣们互相“拜冬”。民间百姓也会互相拜贺，探望尊长。在宋代，贺冬如贺年，民间流行“肥冬瘦年”的谚语。冬至前夕，亲友之间相互馈送节令食品，“至节家家讲物仪，迎来送往费心机”，在节令食品馈送传递中强化亲族感情联系。清代的吴地就颇流行冬至馈送节礼。《清嘉录》中描述，冬至节前，人们“提筐担盒”往来于道路，这些冬至食品也被称为“冬至盘”。

冬至日，读书人要祭祀先师孔子，要悬挂孔子像或者设孔子牌位，学生还要备礼看望老师，感恩一年教诲。在山西晋城，祭祀孔子后，师生还要共吃一顿馍馍加豆腐汤，有的地方是吃“头脑”。“头脑”是山西一种冬令时进补的食品，原料以面糊为汤，放有羊肉、核桃仁、花生米、莲菜等，据说学生吃了可以头脑清醒、增长知识。谢师的习俗体现了中国人尊师重教的观念。

冬至常被古人看作新岁之首，因此也会被看作预知未来人事、年成的特殊时间。在靠天吃饭的古代农业社会，人们尤其关注未来天象气候的变化。在冬至日，人们有许多观测天象、预测年成的习俗。和日圭相似，人们会在冬至立表测日影，用八尺的表木来测验来岁水旱，还有据日出日落时的云气变化、冬至日的天气晴雨判断新年气候和年成。浙江一带就有民谚：“晴冬至烂年边，邋遢冬至晴过年。”

为老人祈寿，也是旧时冬至民俗之一。妇女会给家里的长辈送新作的鞋袜，古代称之为“履长至”。《中华古今注》载：“汉有绣鸳鸯履，昭帝令冬至日上舅姑。”在一阳新生、白昼渐长的时节，年轻后辈通过这样的献履仪式，祝福老人以新的步履迈入新岁，延年益寿。

冬至之后，大地进入一年中最冷的时节。没什么冬季娱乐活动的古人发明了“数九”的消遣方法。从南北朝开始，自皇宫到民间，各种“九九消寒图”流传开来，用以消遣时光、舒畅身心、开化心智，甚至预知来年气象。文人雅士会借此作画写字，吟诗作对，颇有雅趣。

数九，是从冬至算起，每九天为一个单位，依次数下去，代表寒冷程度慢慢加深，其中三九天最寒冷，直到九九数尽，总共八十一天，人们才算熬过了寒冷的日子，即为“出九”。那时大地回春，桃红柳绿，人们称之为“九尽桃花开”。

一九二九不出手；

三九四九冰上走；

五九六九沿河看柳；

七九河开八九雁来；

九九加一九，

耕牛遍地走。

—— 九九歌

写九，即文字式九九消寒图，是清代开始出现的数九方式，首先在宫廷内流行。这种九九消寒图是一幅双钩描红书法“亭前垂柳珍重待春风”，九个字每字九划，共九九八十一划，从冬至开始每天填充一个笔画，每过一九填充好一个字，直到九九之后春回大地，一幅九九消寒图也便完成了。文人们创作了许多九个九划字的充满对旖旎春日展望的诗句，乐此不疲。流传较广的诗句还有：

春前庭柏风送香盈室

亭前春幽挟草巷重茵

九九消寒图

幸保幽姿珍重春风面

雁南飞柳芽茂便是春

画九，则多以梅花图呈现，每朵梅花九瓣，共八十一瓣，每日染一瓣，等到梅图中所有梅花都染成胭脂色时，春日便深了。明代《帝京景物略》载：冬至时，“画素梅一枝，为瓣八十有一。日染一瓣尽而九九出，则春深矣。曰九九消寒图”。

除此之外，古人还发明了晴雨图。将宣纸等分为九格，每格用笔帽蘸墨印上九个圆圈，每天填充一个圆圈，填充的方法根据天气决定，规则通常为：上涂阴下涂晴，左风右雨雪当中。古时，人们通过画晴雨图来预测来年的气候。即使对现在的我们来说，晴雨图同样可以让我们感知自然的美好，让我们对天气和气候有更直观的认识，更能感受到季节更迭的规律。

清代开始出现一种更具备教化功能的“九九消寒诗图”。这类消寒诗从清代到民国，流传了各种版本，每九天四句，一共三十六句。比如，王之瀚作的科教诗：

一九冬至一阳生，万物自始渐勾萌。莫道隆冬无好景，山川草木玉妆成。二九七日是小寒，田间休息掩柴关，千家共享盈宁福，预计来年春不闲。三九严寒水结冰，钓罢归来蓑笠翁，虽无双鲤换新酒，且见床头樽不空。四九雪铺满地平，朔风冽冽起新晴，朱绨公子休嫌冷，总有樵夫赤足行。五九元旦一岁周，茗香鳢酒答神庥（xiū），太平天子朝元日，万国衣冠拜冕旒。六九上元佳景多，满城灯火映星河，寻常巷陌皆车马，到处笙歌表太和。七九之数六十三，堤边杨柳若含烟，红梅几点传春讯，不待东风二月天。八九风和日迟迟，名花先发向阳枝，即今河畔冰开日，又是渔翁垂钓时。九九鸟啼上苑东，青春草色含烟蒙，老农教子耕宜早，二月中天起卧龙。

闺中女子也有特别的九九消寒图，为“女子晓妆染梅”。明代杨允浮《滦京杂咏一百首》中记载：“冬至后，贴梅花一枝于窗间，佳人晓妆，日以胭脂日图一圈，八十一圈既足，变作杏花，即暖回矣。”由梅而杏、由冬而春，季节的变换以佳人晓妆的胭脂呈现，别有风情。

冬至“万物闭藏”，“故曰德在室”。在古时，人们尊重万物闭藏的状态，官员“百官绝事，不听政”。工程“土事无作”，人与万物互相“静而无扰”。彼此不打扰，便是一种冬日的美德。

食事

“冬至饺子夏至面”。与立冬相似，冬至吃饺子，是北方最为普遍的饮食习俗。其“交子”含义，在冬至是指天地阴阳转换。饺子外皮为半圆形，像月亮的形状，内馅为圆形，像太阳的形状，象征阴阳转换的时刻。

饺子的标准褶皱应该是十二个，象征一年十二月。

北方俗语说："冬至不端饺子碗，冻掉耳朵没人管。"关于饺子的起源有另一个与耳朵有关的传说：东汉医圣张仲景见冬日乡民衣不遮体，耳朵生冻疮，就把羊肉、辣椒和一些驱寒药材煮熟后剁碎，用面皮包成耳朵的形状，再下锅煮熟，做成一种叫"祛寒娇耳汤"的药物施舍给百姓吃，乡亲们服食后冻疮就好了。后来，每逢冬至，人们便包饺子吃，慢慢形成冬至吃饺子的习俗。山西人会在冬至这天吃羊肉馅饺子，山东人则喜欢冬至日吃白菜猪肉馅的饺子。饺子在山东、山西一些地区还被叫作"扁食"。

然而，冬至节令最早的代表性食物并不是饺子，而是馄饨。馄饨皮为方为阴，馄饨馅为圆为阳，古人认为冬至时节吃馄饨是为了破阴释阳；夏至则相反，夏至食粽是为了剥阳释阴。馄饨颇似阴阳未分时的一团混沌，在阳气始生的冬至日，人们食用馄饨，以破除阴阳包裹的混沌状态，支助阳气生长。民间还因馄饨谐音混沌，意寓吃掉馄饨可益聪明。如今上海、苏州等地依然保留着冬至吃馄饨的习俗，多是在晚上做夜宵吃。

"家家捣米做汤圆，知是明朝冬至天。""冬至如年，糯米做圆"。冬至吃汤圆，是江南流传较广的习俗。在苏州，旧年冬至节前，苏州家家户户磨粉做冬至团，有糖肉馅、豆沙馅、萝卜馅，芝麻馅……苏州的冬至团有大小之分，大的叫稻窠团，人们在冬至日凌晨用它献神祭祖，然后阖家团聚共食，称为"添岁"；小的没有馅，称为粉团，是祭神的供品。

在浙江台州，"冬至圆"，又叫擂圆，是台州的老传统，擂圆是先把糯米粉和温水揉成面团，再摘成小的圆子揉圆，煮熟后放在豆黄粉里滚拌，临海人称这个过程叫"擂"，"擂圆"名字由此而来，而豆黄粉是用黄豆炒熟后磨成粉再拌入红糖，味道香甜浓郁。夹一个粘满豆粉的擂圆，趁热咬上

✕ 冬至饺子

一口，香喷喷、甜滋滋、暖烘烘、软绵绵，幸福的滋味油然而生，在温暖的灶膛边，被外婆塞一嘴擂圆，是台州人童年里最甜美的滋味。除了经典的甜圆，也有很多家里喜欢咸的冬至圆，咸圆就是在糯米团里放入猪肉、豆腐干、冬笋、香菇、红萝卜、白萝卜等细丁，可蒸可煮，鲜香多汁，另有一番滋味。

在宁波，冬至的早餐是酒酿圆子和番薯汤果。番薯汤果是冬至必吃的美食之一。“番”和“翻”同音。宁波人认为，冬至吃番薯就是将过去一年的霉运全部“翻”过去。汤果，跟汤团类似，但个头要小得多，里面没有馅。汤果也被叫作圆子，取其“团圆”“圆满”之意。宁波人在做番薯汤果时，习惯加酒酿。在宁波话中，酒酿也叫“浆板”，“浆”又跟宁波话“涨”同音，取其“财运高涨”“福气高涨”的好彩头。

在扬州，汤圆则是以青菜肉馅为主，被称为“大菜圆子”。

汤圆

黑芝麻汤圆

材料：水磨糯米粉250克、黑芝麻粉150克、蜂蜜30克、白糖、猪油

做法：将糯米粉加入温水搅拌，揉成面团；黑芝麻倒入碗中，加入白糖、蜂蜜，拌匀成馅料；将糯米粉揉成长条，揪成一个一个，包上黑芝麻馅小粉团，揉成圆球形；煮锅中烧开水，放入汤圆，煮至浮上来即可。

汤圆，在各个地方以不同的食材和味觉展现不同的风土人情，镶嵌在许多人童年的味觉记忆里。

潮汕地区把冬至叫作冬节，当作小年来过。潮汕人冬至也吃汤圆，叫作“冬节圆”，是一种没有馅的糯米丸。“食了冬节圆，马上大一年。”在冬至的前夜，妇人会备好糯米粉，等到晚饭吃完，一家老小围坐在一起“搓丸”。糯米丸搓好了，放红糖下锅煮，第二天祭拜完神灵祖先后才能吃。冬节是一个团圆的日子，从前如果家中有人出门在外，冬节不能回来，家里就会留些糯米粉，等人一回来就做一碗甜丸给他吃，代表着人已团圆。人们还把“圆满”的寓意撒播到生活的每个角落，在大门、炉灶、米缸、锄头等生活用具，以及鸡、鸭、鹅、猪、牛等家禽牲畜身上贴上两粒冬节丸，祈求神明保佑生活美满，家畜健康过冬。家里有果园的，还会在果树身上切个小口子，塞上两粒甜丸，祈求来年果实丰收，个个都像汤圆一样圆满。

台湾地区冬至吃汤圆的习俗与潮汕地区相似，团子还会做成红白两色，表示阴阳交泰。台湾人还会用九层糕祭祖——用糯米粉捏成鸡、鸭、龟、猪、牛、羊等象征吉祥中意福禄寿的动物，然后用蒸笼分层蒸成。

麻糍，是浙江、江西的特产，也是福建人的传统小吃，是福建人祭祀时的供品。麻糍阴干后蒸、煎、火烤、砂炒皆宜。麻糍也是闽南著名小吃，其中又以南安英都出产的最为出名，其原料为上好的糯米、猪油、芝麻、花生仁、冰糖等。麻糍香甜可口，食后耐饿，有着甜、滑的口感，且软韧、微冰，成品色泽鲜白，滑韧透明。

浙江嘉兴重冬至。至今，嘉兴仍然传承着冬至吃“桂圆烧蛋”的习俗，老人们说因为一年中冬至夜晚最长，不吃的话会冻一晚上，半夜还会肚子饿。

“吃了冬至面，一天长一线。”在安徽合肥，冬至日一定要吃一碗热腾腾的鸡蛋挂面。

山东滕州一带，冬至节前人们会送羊肉给长辈，到了冬至当天家家都要喝羊肉汤。冬至吃羊肉的习俗据说是从汉代开始的。相传，汉高祖刘邦在冬至这一天吃了樊哙煮的羊肉，觉得味道特别鲜美，赞不绝口。从此民间就形成了冬至吃羊肉的习俗。滕州羊肉汤主要是将羊骨头投入大锅里熬汤，再将切块的新鲜羊肉与清洗干净的羊杂一起投入汤锅中煮。待煮熟后捞起来沥干，切成薄片放入开水里汆，最后倒入汤碗中，冲入滚烫雪白的羊汤，撒上葱花、辣椒油、花椒面、盐，一碗热气腾腾、香气四溢的羊肉汤就做成了。

冬至日，陕西一些地方还会吃赤豆粥。江南一些地区，冬至之夜全家也会吃赤豆糯米饭。传说，中国古代神话中的水神共工的儿子在冬至日死去，化为疫鬼，而疫鬼独怕红豆，所以冬至日老百姓要煮红豆粥避疫。后来的腊八粥很可能就是由冬至的赤豆粥演化而来。

江苏苏州、上海、浙江杭州等地对冬至这一节气非常重视。苏州人在冬至前夜和冬至当天，除了会做一大桌团圆饭，送冬至盘，晒鱼干，吃羊肉，包馄饨，煮冬至团，还会饮冬酿酒。冬酿酒是一种米酒，加入桂花酿造，香气宜人。江南的冬至团圆饭中，每一道菜多有吉祥寓意，冰糖炖蹄膀、糯米八宝饭必不可少，寓意鸿运当头，八宝如意。

广东人则会在冬至吃糯米饭、腊味煲仔饭。

山西晋城地区，冬至黎明时分，家家户户就会起来摔老南瓜，早饭就吃摔破的老南瓜煮瓜糊饭，把切碎的南瓜和玉米面一起熬成糊糊状，有时里面也会放一些花生米、黄豆之类。有些地方是将南瓜与莲藕、银杏等煮成暖暖的“冬至煮”。

豆腐，是中国人发明的极富风味的食物，在许多地方的冬至餐桌上也少不了豆腐的身影。对广东的客家人来说，酿豆腐是餐桌上必不可少的一道菜。客家人的“酿”字，是指在各种蔬菜里塞上肉末来煎的烹饪方式。长沙人在冬至会做霉豆腐，俗称“猫乳”。南京人饭桌上会有一道青菜豆腐汤。而在江苏常州，冬至菜肴中一碟胡葱烧豆腐是少不了的。

冬至日，四川人习惯一家人围坐，吃上一盆热烘烘的萝卜炖羊肉或者羊杂汤。

花信

“云石雪松，岁寒之友从。”“岁寒之荣，高岩雪松。”松被文人赋予不畏严寒的高洁品质。冬至日百花凋零，可在陶罐中插松枝，腊梅，装点冬至节日气氛，共度一年寒时。

花材：松 腊梅　花器：明代酒器　事花人：吴晓静　摄影：殷若衿

茶事

冬至时节，蜡梅盛放，香气怡人，可将蜡梅花香留存在茶叶中，制蜡梅窨茶，梅香与茶香产生美好香气的对撞与融合。蜡梅不拘品种，选含苞欲放的花苞为好，茶也可随自己的喜好，乌龙、普洱、白茶、红茶皆妙。取一只罐子，一层茶一层花慢慢铺就，直至铺满，存放几天后，将蜡梅挑出来，把茶叶放入炭炉稍稍焙火，或者用微波炉烘一下即可。

香事

冬至时节，蜡梅初绽，此时如若有雅兴，可以按照宋代的香方，来做一款蜡梅香于书房、卧房熏燃，令蜡梅沁人心脾的香气充盈房间，愉悦身心。宋代《陈氏香谱》卷三就记载了几个蜡梅香方。

蜡梅香

材料：沉香三钱、檀香三钱、丁香六钱、龙脑半钱、麝香一钱

做法：以上香料磨为细末，用生蜜来和成香丸，使用隔火熏法爇（ruò）之，香气甜如蜜，幽如檀，雅如寒梅。

蜡梅窨茶

冬至是一年阴阳交替的节点，中医认为，此时是养生的大好时机。冬至养生的原则是“安身静体”，不可动泄，甚至“以至日闭关”，冬至这一天应助阳之藏，养阴之盛，固本培元。在这个阴阳交接的时候，应尽量做到“起居有常，养其神也，不妄劳作，养其精也”。

中医认为，通过艾灸灸神阙穴，可益气补阳、温肾健脾、祛风除湿、温通经络。白天多晒太阳，以利阳气的生长。在冬至前后各四天，加上冬至这一天共九天中，可以通过用艾条灸神阙穴的方法养生，每天一次，每次15-20分钟。

PART 05
小寒

小寒，数九寒冬，至此盛。

寒夜客来茶当酒，竹炉汤沸火初红。

寻常一样窗前月,才有梅花便不同。

〤 四川野人海　摄影：周琳

冬至之后，太阳抵达黄经285°的位置，就是小寒，在公历1月5日或6日。《月令七十二候集解》中说："小寒，十二月节，月初寒尚小，故云，月半则大矣。"

"小寒大寒，冷成冰团。"虽然冬至日太阳直射在南回归线上，这一天却不是北半球一年中最冷的节气，因为冬至过后，太阳光的直射点虽北移，但在其后的一段时间，北半球大部地区白天吸纳的热量还是抵不住夜间散失的热量，气温会继续降低，于是迎来了一年中最寒冷的节气——小寒、大寒。至于小寒和大寒哪个节气更冷？历史资料统计表明：不同地点、不同年份情况不尽相同，以极端最低气温记录和1951年至2015年65年间中国的平均气温来看，小寒其实比大寒更为寒冷，名"小"实"大"。清代黄景仁在《如梦令·晓遇》词中说："寒否寒否，刚是昨宵三九。"我们所说的"三九寒冬"对照的节气正是小寒时节。

但中国气象局气象服务专家宋英杰指出，寒之大小，未必完全以气温来衡量，小寒时天寒最甚，大寒时地冻最坚。加之寒气是由北而南的，因此北方冷在小寒，而南方冷在大寒的相对更多一些。

小寒虽寒冷，却是春天前的严寒，是黎明前的黑夜，它蕴含着力量，终有厚积薄发的一天。

小寒时节，蛰伏在天地间的阳气和生命活力已然开始积蓄。小寒三候，一候雁北乡。南方过冬的候鸟大雁，开始飞回北方。大雁是南北迁徙的候鸟，随着季节更迭变化，万里征程往复不变，从不爽期。因此，古人认为雁有信，是仁义礼智信五常俱全的灵物。二候鹊始巢。此时的喜鹊已感知阳气，开始衔草筑巢，为春暖后哺育雏鸟做准备。三候雉始鸲。雉鸟，即为野鸡，羽毛斑斓，也被称为"阳鸟"。古人认为雉鸟是文明之鸟，文是文采，明是明德。文明之鸟感应到阳气，开始雌雄同鸣，求偶交配。

"小寒暖，立春雪。"在古人的观察中，小寒天气冷，来年便会是一个暖春；反之，小寒天气和暖，来年春天便会倒春寒。

食事

五谷是植物的种子，是植物的精华所在。小寒季节可以多食五谷热粥来获得能量。清代曹庭栋《粥谱》中说："煮粥先择米；次择水；次火候；次食候。不论调养治疾菌力深浅之不同，第取气味轻清、香美适口者为上品。"小寒临近腊月初八，民间有吃腊八粥的习俗。

小寒时节，老南京人会煮菜饭吃，菜饭的内容并不相同，有用矮脚黄青菜与咸肉片、香肠片或是板鸭丁，再剁上一些生姜粒与糯米一起煮的，十分香鲜可口。香肠、板鸭都是南京特产，可谓充分发挥了地方食材风味的"菜饭"。

在广州，小寒早上吃糯米饭，为避免太糯，一般是60%糯米、40%香米，把腊肉和腊肠切碎、炒熟，花生米炒熟，加一些碎葱白，拌在饭里吃。

小寒时节也是老中医和中药房最忙的时候，一般入冬时熬制的膏方都吃得差不多了。到了此时，有的人家会再熬制一点，以便一直吃到春节前后。

小寒时节，寒气袭人，宜多吃温热驱寒的饮食。在饮食上可多吃羊肉、牛肉、芝麻、核桃、杏仁、瓜子、花生、榛子、松子、葡萄干等。

小寒时节，吃一顿老北京涮羊肉最惬意。老北京的涮锅讲究铜锅炭火，汤底澄清，只需加姜片、葱段等简单配料，炭火烧得锅里的清汤滚

⋉ 老北京火锅

热，夹着红白相间、薄而不散的羊肉片在汤里涮一下，肉色一泛白，便放入冷的麻酱料里蘸一下，入口即化，格外鲜香。

旧时北方冬季蔬菜品种匮乏，只有白菜和萝卜，好在白菜十分美味，可变换繁多花样，令北方冬日餐桌不寂寞。白菜在粤语里叫绍菜。黄色菜叶品种又称黄芽菜。清光绪年间的《津门纪略》中记载“黄芽白菜，胜于江南冬笋者，以其百吃不厌也”，所以黄芽白菜又有“北笋”的美名。中医认为白菜具有养胃生津、除烦解渴等功能，冬天天气干燥，多吃白菜，可以滋阴润燥。其实，黄芽白菜最佳食用方法就是涮着吃，可以吃到白菜原本的丝丝甜味和韵味。吃老北京涮羊肉，通常就点羊肉和白菜，一个荤食至鲜，一个蔬菜至鲜，足矣。

花信

“花木管时令，鸟鸣报农时。”植物与鸟兽生活在山林里，很少会弄错季节。风有信，花有约，浪漫的中国人于是有了“花开计时”的方法，体现了中国人的风雅情趣，这便是“二十四番花信风”。二十四番花信风以小寒为起始点。花信风，意即应花期而来的风。人们挑选一种花期最准确的花代表这一节气中的花信风，即是带来开花音讯的风候。二十四番花信风最早记录在南朝宗懔《荆楚岁时记》中：“始梅花，终楝花，凡二十四番花信风。”宋代周煇（huī）《清波杂志》也记载了二十四番风信，明确指出了观察点是江南：“江南自初春至首夏有二十四番风信，梅花风最先，楝花风居后。”北宋《蠡海录》中对哪个时令对应哪种花做了具体阐述，对后世影响最大。依据二十四番花信风，小寒三候花信分别为一候梅花、二候山茶、三候水仙。

气象学家竺可桢认为，二十四番花信风是士大夫阶层的一种无聊游戏，既无物候价值，也无实践意义。不过，如果能严谨选择一个地方每个节气的时令之花，来作为物候花信，不啻为一种浪漫的物候观察。日本花道师珠宝花士说：“植物从不会弄错季节，人心亦当如此。”以花事提醒人们季节流转，令岁月有花影阑珊，是最生动的岁时流转映照。

《遵生八笺》中记载冬时幽赏，其中有几条与小寒花信就有美好关联，如“雪霁策蹇寻梅”：“踏雪溪山，寻梅林壑，忽得梅花数株，便欲傍梅席地，浮觞剧饮，沉醉酣然，梅香扑袂，不知身为花中之我，亦忘花为目中景也。”另有“山头玩赏茗花”：“两山种茶颇蕃，仲冬花发，若月笼万树，每每入山寻茶胜处，对花默共色笑，忽生一种幽香，深可人意。”

依照如今的花期，江南的蜡梅也在小寒凌寒盛放。宋代范成大在《范

× 花材：蜡梅　事花人、摄影：般若衿

× 六堡茶　摄影：琉璃牧之

村梅谱》中说："蜡梅，本非梅类，以其与梅同时，香又接近，色酷似蜜蜡，故名蜡梅……蜡梅香极清芳，殆过梅香。"可剪一枝蜡梅插入梅瓶，令满室清芬，度过小寒时光。

⨯ 沉香酒

沉香酒

材料：海南野生沉水生香100克、棋楠香5克、度数较高的清柔纯净上等白酒5斤、肚大口小的酒器一只

做法：海南野生沉水生香与棋楠香理剔干净，用刷子反复刷洗，再用净水冲洗几遍，以铡刀切成小碎片；香料浸入白酒中，密封于白瓷瓶或玻璃器皿中，放置到洁净阴凉处，约40天左右，酒色呈浅琥珀色即可滤出饮用。

茶事

小寒意味着进入了一年中最寒冷的日子，可选用炭火煮水冲泡，喝一款茶性温厚的老六堡茶。

六堡茶产自广西壮族自治区梧州市，属黑茶类，以"红、浓、陈、醇"四绝著称，茶汤滋味有独特的松烟和槟榔味。陈年老六堡茶中可见到有许多金黄色"金花"，这是黄霉菌。它能分泌淀粉酶和氧化酶，可催化茶叶中的淀粉转化为单糖，催化多酚类化合物氧化，使茶叶汤色变棕红，消除粗青味。30到50年左右的陈年老六堡，色泽黑褐油润，呈现醇厚的山参香气，茶汤浑厚，茶汤入喉，顿觉浑身热烘烘的，可驱散小寒时节的寒意。

香事

小寒时节，古人会做一些滋养身体的香药酒，沉香酒便是其一。沉香不仅仅是香料中的明珠，也是中草药中的上品。《本草通玄》中说："沉香，温而不燥，行而不泄，扶脾而运行不倦，达肾而导火归元，有降气之功，无破气之害，洵为良品。"

吴清老师就在《廿四香笺》中详细记述了沉香酒的制作方法。

小寒时节适宜进补，但进补需要辨证论治，并且有一定节制。

小寒至大寒的这段时间，正值一年最寒冷的时候。冬主藏，"勿扰其阳"，因此要避免剧烈运动，可在避风温暖的房间站桩、打拳、静坐。精神上宜静神少虑、畅达乐观，不为琐事劳神。

PART 06
大寒

大寒，一年至此还。

风雪连夜游子归，一家围坐团圆。

除旧布新，总把新桃换旧符，爆竹声中一岁除，寄来年。

四川贡嘎雪山　摄影：周琳

大寒，在公历1月20日或21日，太阳到达黄经300°。大寒是二十四节气中的最后一个节气。到了大寒，意味着一年即将画上句号，也意味着又一个生机勃勃的春天即将到来，开启新一年的二十四节气轮回，周而复始，岁岁年年。

《月令七十二候集解》中说大寒三候，一候鸡乳。大寒以后阳气上升明显，母鸡就可以开始孵小鸡了。二候征鸟厉疾。鹰隼之类的征鸟正处于捕食能力极强的状态中，盘旋于空中寻捕食物，以补充身体的能量，抵御严寒。三候水泽腹坚。北方水域中的冰一直冻到水中央，冰层也达到最厚，不过冰冻到极致，就要经历立春的“东风解冻”了。

“大寒三白定丰年。”“大寒见三白，农人衣食足。”大寒的大雪是农人所期待的。“三白”指下几场大雪，严寒会冻杀很多害虫的幼虫与虫卵，同时积雪还会给土壤带来水分和肥料，有利于农作物丰收。

《论语》说：“岁寒，然后知松柏之后凋也。”唐代黄檗禅师《上堂开示颂》诗云：“不经一番寒彻骨，怎得梅花扑鼻香。”中国人一向不畏严寒，认为严寒可以孕育更加刚毅坚强的灵魂。

人间大寒

大寒时节，冰面坚厚，古人就会开始凿冰、藏冰，留待酷暑之用。据《周礼》记载，周王室为保证夏天有冰块使用，专门成立了相应的机构——冰政，负责人被称为凌人。此后的历朝历代都设立专门的官吏来管理藏冰的事务。古代的藏冰方法也比较简单。每年大寒季节，人们凿冰储藏，因

⁙ 八宝饭　摄影：欢欢

八宝饭

材料：糯米、豆沙、枣泥、蜜枣、莲子、瓜子仁、桂圆、杏脯、红绿丝、白糖、猪板油

做法：将糯米蒸成米饭，加入白糖和猪板油；将蜜枣、莲子、瓜子仁、桂圆、杏脯、红绿丝等材料垫在碗底，将一部分米饭放入碗中，铺上豆沙和枣泥，再放上剩余的糯米饭，将碗放入到蒸锅中蒸30分钟，再倒扣入容器内即可。

为此时的冰块最坚硬，不易融化。

大寒节气常与农历春节相重合，人们开始忙忙碌碌筹备，以迎接新年——赶年集、买年货、写春联、打尾牙、扫尘洁物、除旧布新、筹备祭祀供品，祭祀祖先及神灵，祈求新的一年平安和美。

食事

在广州，民间有大寒节气吃糯米饭的

✕ 腌笃鲜

习俗。大寒来临前，家家户户煮上一锅香喷喷的糯米饭，拌入腊味、虾米、干鱿鱼、冬菇等，以迎接传统节气中最冷的一天。糯米味甘、性温，食之有御寒滋补的功效。又因为大寒与立春相交接，讲究的人家在饮食上也顺应季节的变化，多添加些具有升散性质的食物，以适应春天万物的升发。

在江南，每到大寒时节，小孩子最期待的以糯米制作的美食便是八宝饭，由糯米杂以豆沙、枣泥、果脯、莲子、米仁、

腌笃鲜

材料：五花肉、咸猪腿肉、春笋、葱、百叶结、料酒

做法：将笋用清水煮滚，放到冷水泡浸半天，去掉苦涩味；五花猪肉洗净，煮熟，切块；咸猪腿肉洗净，清水泡半个小时，切成块。所有食材放入砂锅中大火烧开，撇尽浮沫，再加酒、葱段，煮到汤汁奶白后改中火慢慢笃一小时，再加入百叶结，小火笃15分钟即成。

桂圆、猪板油等以水煮熟，外加桃仁、杏仁、瓜子、花生及白糖红糖等做成，是江南人家寒冷冬日里最甜美的味觉记忆。

冬天多食根茎类蔬菜补益精气。大寒期间属季节交替时分，同时也蕴含了春日生发的力量，此时食用冬笋最合时宜。冬笋是冬天里毛竹地下茎侧芽发育而成的笋芽，因尚未出土，笋质幼嫩，和春笋、夏笋相比，更为肥嫩，营养更为丰富。冬笋既可生炒，又可炖汤，然而对于江南人来说，最鲜美的滋味莫如一碗腌笃鲜。

大寒是冬天的最后一个节气，依照中医理论，属土，对应脾脏，这时节应注意脾胃的养护。此时，万物已有春的萌芽，进入了由冬入春的过渡期，饮食也应该适当减少进补，适当节制温热食物，增加一些理气化痰、促进生发、甘润降火的食物，如白萝卜、柑橘、苹果、山楂、柚子、莲藕、蜂蜜、菠菜、豆腐、白菜等，可以缓解肠胃积滞，生津润燥，调和脾胃。

花事

二十四番花信风中，大寒一候瑞香、二候兰花、三候山矾。瑞香和兰花今人熟知，认识山矾的却不多。黄庭坚在《戏咏高节亭边山矾花二首》序中云：“江南野中，有一小白花，木高数尺，春开极香，野人号为郑花。王荆公尝欲求此花栽，欲作诗而漏其名，予请名山矾。野人采郑花以染黄，不借矾而成色，故名山矾。”说明山矾是古人用来染黄色织物的植物。黄庭坚是独爱山矾的，曾把它比作梅花的弟弟：“凌波仙子生尘袜，水

※ 花材：松、竹、蜡梅　花器：玻璃花觚　事花人：杨帅

╳ 水仙

上轻盈步微月。是谁招此断肠魂，种作寒花寄愁绝。含香体素欲倾城，山矾是弟梅是兄。”

大寒时节，岁寒之至，不妨插一瓶松、竹、梅岁寒三友，作为岁朝清供，最为应景。南宋马远所绘的《松竹梅图》开启了“岁寒三友”先河。松竹梅在严寒冬日傲雪伫立，在中国文人心中寓意清高坚韧的品质。

大寒时节，岁朝清供，除了用松、竹、梅，亦有照波水仙，香橼佛手。

水仙有几好，一是开在旧历新年前后，好似为贺新年而开放；二是易养，植在水盆中，不必太多照顾，总是不辜负你的期望，凌波开出素白的花儿；三是花香透彻心骨。这使得水仙在春节期间作为“岁朝清供”，为满室带来春意盎然、祥瑞温馨的景象。

茶事

大寒处于冬春之交，可喝一些安化黑茶。安化黑茶产自湖南安化县，是中国黑茶的始祖，内质香气纯正，滋味醇厚，茶香杂以药香果香和草木香。砖内常生有金黄色霉菌，俗称“金花”，内含多种丰富的营养素，对人体极为有益，金花越茂盛，则品质越佳。安化黑茶因为有降脂解腻和解酒作用，因此受到西北少数民族的喜爱。同时，安化黑茶茯砖也有养胃、健胃、通三焦的功效。在安化当地，遇有腹痛或拉痢，老人习惯以茯砖代药，极为灵验。因此，在人体容易脾胃虚弱的大寒时节，家中可以备上几片安化黑茶，来解油腻、健脾胃，以清爽健康的身体迎接新年。

安化砖茶

香事

大寒时节，寒梅初绽，带来春的消息。可按宋人陈敬《陈氏香谱》中记录的几款梅花香香方自制一款“梅花香”，伴着梅花幽雅清冷的香气，度过一年中最后一个节气。

梅花香

材料：甘松、零陵香各一两，檀香、茴香各半两，丁香一百枚，龙脑少许

制法：龙脑单独研磨，其他材料打为细末，用蜂蜜和成香丸，干湿皆可焚。

大寒万籁俱寂，宜静藏。此时不适合进行大汗淋漓的有氧运动，以免耗费元气。打坐、冥想、瑜伽和太极等方式都好，以平和的身心迎接来年。

后记

由二十四节气展开的中国文化画卷

二十四节气不仅为中国人的生产与生活提供了来自大自然的指引，同时也延展出瑰丽的二十四节气文化。在几千年的历史长河中，中国的二十四节气文化涵盖了天文、地理、生物，民俗、节庆、中医药、饮食、养生、文学、艺术、哲学、道德观念等方方面面，是中华文化中最鲜活、最有生命力的重要组成部分。

先民的生存主要依赖农业，靠天吃饭，因此格外关注天气和气候的变化。古人受原始宗教的影响，对自然的神秘力量充满敬仰，认为上苍掌握着时序的秘密，有着至高的操纵万物生长、四季循环的力量。祭祀，是先民与神明沟通、连接的重要仪式。于是，中国人最早的岁时活动几乎都属于宗教祭祀。在中国人的传说中，是炎帝，即神农氏，划分了二十四节气中最重要的八个节气：春分、秋分、夏至、冬至、立春、立夏、立秋、立冬。汉朝以前，这八天正是最重要的祭祀日。天子会带领诸侯，于冬至祭天，夏至祭地，春分祈日，秋分祈月，立春迎春，立夏迎夏，立秋迎秋，立冬迎冬，希望通过祭祀活动愉悦天神、襄助人事，祷祝风调雨顺、五谷丰登、国泰民安。这些祭祀日便是节庆日最早的雏形。

八个节气中用于祭祀活动的古乐，成为中国音乐、乐器的雏形。祭祀的器具，则成就了中国最早的青铜工艺与艺术。祭祀的古礼发展成为节庆习俗和礼节文化。祭祀中的食物成为中国博大丰富的饮食文化的一部分。

如今，受到古人祭祀文化的影响，立春、清明、立夏、夏至、冬至依然被中国人看作一个节日，而不仅仅是一个节气。其中，“冬至”一直是中国人心目中极为重要的节日。周朝以冬至为岁首，汉武帝改历以正月初一为一年之始后，宋朝仍将冬至、元日与寒食日并列为全国的假日。直到今天，江苏苏州等地仍有“冬至大过年”的说法。

此外，中国人还有以节气为节点来数日子定下节日具体时间的习惯，比如立春后第五个戊日是春社，祭社稷祈丰年。而立秋后第五个戊日是秋社，同样祭社稷报答丰收。冬至后的105日是寒食，约在清明前的一日或三日，是民间扫墓的节日，宋朝以后演变为清明扫墓。

对于中国文人来讲，人文世界需要天地自然世界的点拨、提醒。中国文人向来追求这样的境界——不为碌碌名利尘事所累，以一片清朗明澈的心境，品味寰宇四时更迭，遍观天地春秋代序，终致物我两忘，得闲适之臻境，内心之宁静。

宋代慧开禅师的《颂古四十八首》诗曰：“春有百花秋有月，夏有凉风冬有雪。若无闲事挂心头，便是人间好时节！”短短四句偈语，道破天机。

诗人对自然四季流转的感知是敏锐的，历代诗人在不同节气中感怀时令风景，吟诗作赋，留下许多壮美诗篇。东方美学体系无不关注着四时流转所带来的季节变迁之美。文人雅士重视时序带来的天地变化，体现在插花、焚香、挂画、饮茶、造园中，他们以平和细腻之心去感知自然、感知天地——赏时令风景，吃时令食物，饮时令茶，折时令花草，感受季节流转之美。

二十四节气体现着中国人从一而终信奉自然，追求“天、地、人”和谐合一的大和之境的智慧。相信四时、天地，相信生死枯荣都是中国人的平衡之道，然后，从二十四节气衍生开来民俗、饮食、养生、文人雅事、诗词和万物的连接。

参考书目：

【1】左丘明著：《春秋左氏传》，北京联合出版公司，2015年版

【2】戴圣编：《礼记》，北京联合出版公司，2015年版

【3】来知德集注：《周易》，上海古籍出版社，2013年版

【4】李青译：《诗经》，北京联合出版公司，2015年版

【5】司马迁著：《史记》，中华书局，2014年版

【6】姚春鹏译注：《黄帝内经》，中华书局，2010年版

【7】程贞一、闻人军译注：《周髀算经》，上海古籍出版社，2012年版

【8】陈广忠译注：《淮南子》，中华书局，2014年版

【9】陆玖译：《吕氏春秋》，中华书局，2011年版

【10】董仲舒著，张世亮、钟肇鹏、周桂钿校注：《春秋繁露》，中华书局，2012年版

【11】贾思勰著：《齐民要术》，中华书局，2015年版

【12】宗懔著：《荆楚岁时记》，中华书局，2018年版

【13】陈藏器撰，尚志钧辑释：《本草拾遗辑释》，安徽科学技术出版社，2004年版

【14】陈元靓著：《岁时广记》，中华书局，2020年版

【15】孟元老著：《东京梦华录》，中州古籍出版社，2017年版

【16】吴自牧著：《梦粱录》，浙江人民出版社，1984年版

【17】陈敬著：《香谱·陈氏香谱》，中国书店，2014年版

【18】李时珍著：《本草纲目》，北京联合出版公司，2015年版

【19】周嘉胄著：《香乘》，浙江人民美术出版社，2016年版

【20】刘侗、于奕正著：《帝京景物略》，故宫出版社，2013年版

【21】兰陵笑笑生著：《金瓶梅词话》，人民文学出版社，2008年版

【22】张岱著：《陶庵梦忆》，紫禁城出版社，2011年版

【23】沈复著：《浮生六记》，广陵书社，2006年版

【24】段成式著：《酉阳杂俎》，中华书局，2017年版

【25】王国轩、王秀梅译注：《孔子家语》，中华书局，2014年版

【26】班固著：《汉书》，中华书局，2012年版

【27】范晔撰著：《后汉书》，中华书局，2012年版

【28】李林甫著：《唐六典》，中华书局，2014年版

【29】李光庭、王有光著：《乡言解颐吴风谚解》，中华书局，1982年版

【30】胡祖德著：《沪谚外编》，上海古籍出版社，1989年版

【31】曹雪芹、高鹗著：《红楼梦》，中华书局，2012年版

【32】潘荣陛、富察敦崇、查慎行、让廉著：《帝京岁时纪胜·燕京岁时记·人海记·京都风俗志》，北京古籍出版社，1999年版

【33】顾禄著：《清嘉录》，江苏凤凰文艺出版社，2019年版

【34】徐锴、陈诗教、俞樾等编著：《花信风·花月令·十二月花神》，湖北科学技术出版社，2022年版

【35】脱脱等撰：《辽史》，中华书局，2017年版

【36】徐珂著：《清稗类钞》，中华书局，2017年版

【37】袁枚著：《随园食单》，凤凰出版传媒集团、凤凰出版社，2006年版

【38】高濂著：《遵生八笺》，中国医药科技出版社，2017年版

【39】曹庭栋、黄云鹄著：《粥谱》，北京日报出版社，2019年版

【40】徐肇琼著：《天津皇会考·天津皇会考纪·津门纪略》，天津古籍出版社，1988年版

【41】宋袁褧、周煇撰：《枫窗小牍·清波杂志》，上海古籍出版社，2012年版

【42】范成大著：《范村梅谱》，上海书店出版社，2019年版

【43】文震亨著：《长物志》，浙江人民美术出版社，2016年版

【44】李中梓著：《本草通玄》，中国中医药出版社，2015年版

【45】郑逸梅著：《花果小品》，中华书局，2016年版

【46】汪曾祺著：《人间草木》，人民文学出版社，2020年版

【47】任祥著：《传家》，新星出版社，2011年版

【48】殷登国著：《中国的花神与节气》，百花文艺出版社，2008年版

【49】海上著：《中国人的岁时文化》，岳麓书社，2005年版

【50】余世存著：《时间之书》，中国友谊出版公司，2017年版

【51】吴清著：《廿四香笺》，山东画报出版社，2017年版

【52】董学玉、肖克之著：《二十四节气》，中国农业出版社，2012年版

【53】彭书怀著：《二十四节气》，中国纺织出版社，2007年版

【54】詹刚主编：《跟着时令吃吃吃》，古吴轩出版社，2014年版

【55】宋英杰著：《二十四节气志》，中信出版社，2017年版

鸣谢 ///

感谢王小寞女士、栖崖先生、朵兮女士、李峙毅先生、吴晓静女士、杨帅女士为本书提供了一部分插花作品；感谢真食阿彬、朱晓欢女士、草宿提供部分饮食图片；感谢马岭老师、无人问津提供部分茶品图片；感谢周琳先生提供部分节气风景图片；感谢周光辉与叶江飞伉俪、青鹤道长提供了关于扫墓与祭祖的民间习俗资料；感谢涤烦茶寮王介宏老师提供台湾东方美人茶与冻顶乌龙茶资料；感谢广大热心网友提供了故乡节气饮食习俗资料。